原発一揆

警戒区域で闘い続ける〝ベコ屋〟の記録

はじめに

二〇一一年三月十四日午前十一時頃、福島県大熊町と田村市の境あたり。「ズンッ、ズドーン」と、走る車の後方で突き上げるような、鈍く重い音がした。すぐには1F（福島第一原発）三号機の爆発音とわからなかった。ハンドルを握る相棒は気づいていない。車を停めて1F方向の空を見上げるが、なにも見えない。突然、防災無線がけたたましく鳴った。

「ウーーー。ただいま、福島第一原発が爆発しました。すぐに避難してください」

後悔と安堵と……さまざまな思いが交錯した。約一時間前、私たちは1Fのすぐそばで逃げ惑う住民を取材し、爆発前の三号機の建屋を撮影した。しかし、正直なところ、私は恐怖におびえ、まともな取材・撮影ができなかった。取材車の後部座席には、避難中の親子が同乗していた。まず、この親子を安全な場所に送り届けなければならない。

「また戻ってくればいい」と思った。

1Fの現場では、爆発後も作業員や自衛隊員が命がけの復旧作業を続けていた。多くの住民が取り残されたことも、あとで知った。この日は一度東京に撤退することになったものの、翌日には1Fから約二十キロ離れた南相馬市に入り、取材・撮影を続けた。

約三カ月後の二〇一一年六月中旬、警戒区域（1Fから半径二十キロ圏内）の取材で知り合った衆議院議員の高邑《たかむら》勉から「被ばくして売り物にならなくなった家畜を、自身の被ばくを顧みずに守り続けている農家がいる。政府は動きが遅く、期待できない。彼らを支援するためのプロジェクトを民間で立ち上げたい」と打ち明けられた。

それが《希望の牧場・ふくしま》プロジェクトだった。以降、私は取材者という立ち位置よりも、同プロジェクトのメンバーとして、牛たちを生かす活動に軸足を置くようになる。

ただ、「希望の〜」と名づけたものの、警戒区域の現実は最初からいまに至るまで、絶望的要素しかない。あえて希望を挙げるとすれば、同プロジェクトの代表で、本書の主人公である吉沢正巳《まさみ》の存在が、四百頭近い被ばく牛やチェルノブイリ化した町、そして私たちメンバーにとっての、唯一の希望と言える。

「原発一揆」は、吉沢本人の言葉だ。一揆といっても暴動を起こすわけではなく、言論による実力行使だ。敵は、国と東電と放射能。一揆の首謀者は、最終的に打ち首か切腹となるのが世の常だが、果たして吉沢が迎える結末は……。

本書は、吉沢とその仲間たちの活動をもとにした、原発事故後の一年半の記録である。

《希望の牧場・ふくしま》とは？

警戒区域に指定されている福島県双葉郡浪江町にある牧場（福島第一原発から約 14 キロの距離）。32 ヘクタールの土地は、本書の主人公・吉沢正巳の父が開拓した。

原発事故発生前は、放牧場・牛舎・家畜診療所（2012 年 9 月現在、獣医師不在）などがある有限会社エム牧場浪江農場として、330 頭の和牛の繁殖・肥育を一貫して行っていた。

事故発生以降は、乳牛を含む約 400 頭の保護した被ばく牛を、餓死や殺処分ではなく、第三の道に生かすために飼育している。

警戒区域内の家畜の状況

福島第一原発の事故発生前、警戒区域内では、牛約 3500 頭、豚約 3 万頭、鶏約 44 万羽が飼育されていた。事故後、鶏はほぼ全羽、牛や豚の過半数が餓死したとされ、生き残った家畜については、国の指示で地元自治体が殺処分を進めている。

2012 年 6 月の集計によると、豚や鶏については、ほぼ殺処分が終了。牛については、餓死でも殺処分でもない第三の生かす道を望む約 20 軒の農家が、売り物にならなくなった被ばく牛約 700 頭の飼育を続けている。また、それ以外にも約 300 頭が“野良牛”となっている。

福島第一原発と《希望の牧場・ふくしま》地図

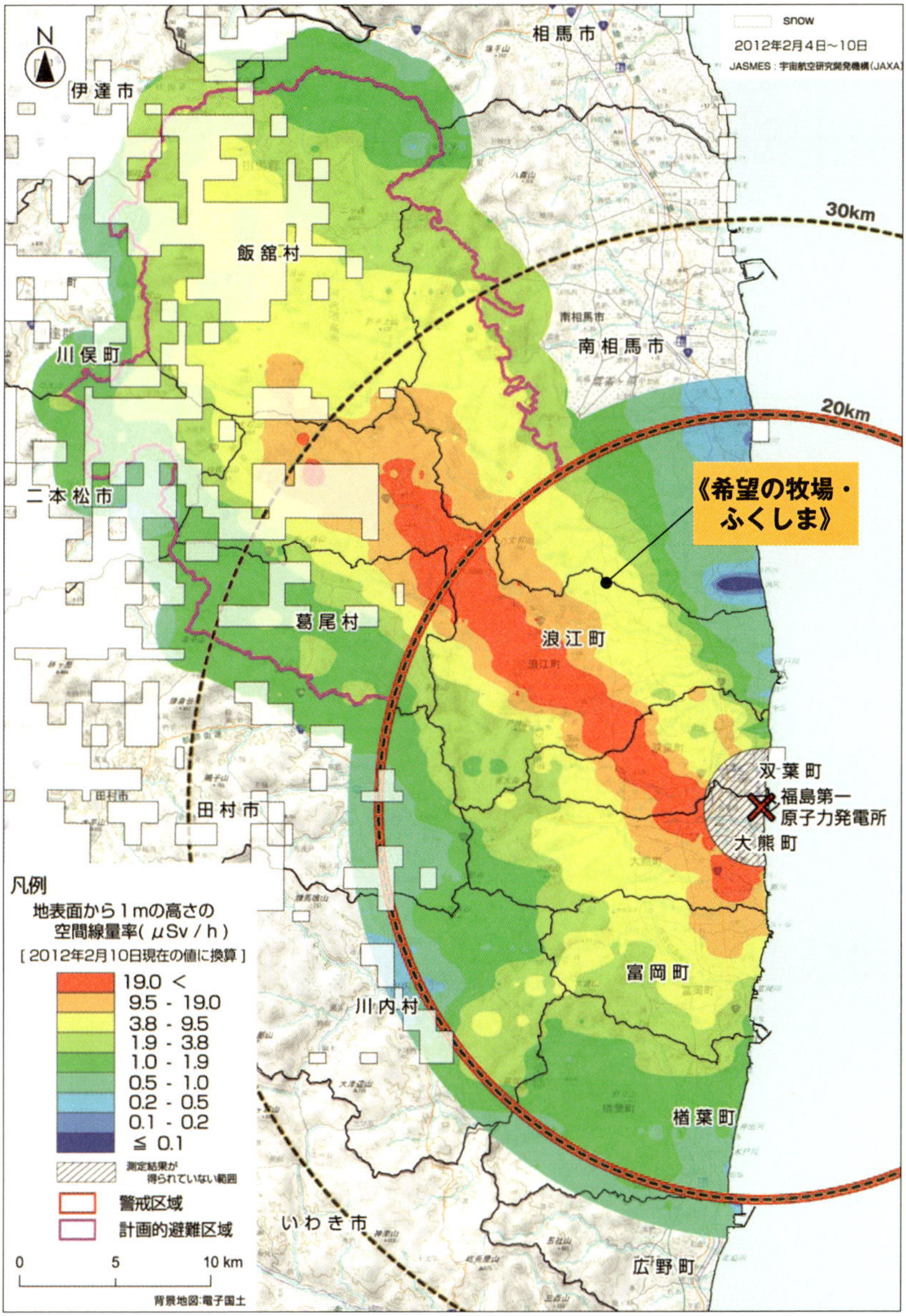

※本マップには天然核種による空間線量率が含まれている。

※実線で囲われた白色の領域は積雪のあった箇所を表しており、当該地域の地表面から1m高さの空間線量は、雪の遮蔽により、雪が無い時に比べて減少している可能性がある。

出典：文部科学省「警戒区域及び計画的避難区域における航空機モニタリングの結果（地表面から1m高さの空間線量率）」

目次

〝3・11〟眠れぬ夜を過ごす

二〇一一年三月十一日、十四時四十六分。

有限会社エム牧場の浪江農場長、吉沢正巳《まさみ》は南相馬市原町区のホームセンターで買い物をしていた。これまで経験したことのない地震だということは、すぐにわかった。縦揺れや横揺れというより、まるで地面が回転運動をしているような恐怖に襲われた。陳列されていた商品は滝のようになだれをうって通路に落ち、あっという間に山積みになった。吉沢は陳列棚にしがみつき、何度も襲ってくる激震に耐えた。

数分以上は、そうしていただろうか。気がつくと、店内放送で避難を呼びかける声が聞こえてきた。急いで店外の駐車場に出ると、あたりの電線が狂ったように波打ち、民家の屋根瓦が土埃を立てて崩れ落ちていく様子を目の当たりにした。すでに携帯電話は通じない。近くにいた人が手に持っていた小型ラジオのまわりには人だかりができていた。吉沢は防災無線で、この地域に津波が押し寄せてくることを知った。

ただ、このときは津波のことより、牧場のほうが心配だった。牛舎がつぶれてしまったんじゃないか。牛たちは無事だろうか。吉沢はすぐに二トンダンプのハンドルを握り、牧場に向かって国道六号を南下した。

ところが、南相馬市小高区まで走ったあたりで、渋滞に巻き込まれてしまう。道路が陥没するなど、段差を乗り越えられない車がたくさんいたからだ。

「このままでは帰れなくなる」と直感した吉沢は国道に見切りをつけ、細い裏道へ入って牧場を目指した。後日わかったことだが、それから三十分も経たないうちに、高さ十メートルを超える大津波が防波堤を乗り越え、大量のがれきを含んだ海水が国道六号で渋滞にはまっていた車を襲った。あと少し迂回の判断が遅かったら……と想像するだけで、吉沢はいまでも鳥肌が立つ。

ようやく牧場にたどり着くと、自作の倉庫やポンプ小屋がつぶれていたり、なだらかな斜面だった牧草地が、段々畑のように大きく横方向に裂けていたりした。電気が止まっているため、吉沢はディーゼル発電機を回して牛舎の牛に水を飲ませる作業を始めることにした。津波によって各地で甚大な被害が出ていることは、カーナビのワンセグ画面に映ったニュースで知った。繰り返し流れる衝撃的な映像を見ているうちに、どうしようもない不安に駆られたが、薪ストーブをたいて暖を取り、ローソクに火を灯すことで少しは気がまぎれた。

しかし、このまま穏やかに朝を迎えられたわけではない。

カーナビで見たニュース番組で、東京電力福島第一原子力発電所の様子がおかしいと報道されていたからだ。どの局にチャンネルを合わせても「原発の半径三キロ圏内に避難指示、半径三～十キロ圏内に屋内退避指示」というテロップが画面に踊っていた。

吉沢が住む家（姉の自宅）は、牧場の敷地内に建っている。原発から十四キロ離れてはいるが、原発の排気筒がはっきりと肉眼で確認できる。途中で視界を遮るものが、なにもないからだ。逆に言えば、ひとたび原発が爆発を起こすと、放射性物質が直接降り注ぐ危険があった。だが、三三〇頭の牛を見捨てて、自分だけ逃げることはできない。そう考えた吉沢は、すぐに避難する気にはならなかった。

やがて日が暮れ、あたりは漆黒の闇に包まれた。

気がつくと上空にはヘリコプターが数機、不気味に飛び交っていた。音と光を失い、静まり返った町をかき乱すように、プロペラの轟音だけが響き渡った。

福島第一原発から北に約 10 キロ離れた浪江町の請戸漁港(2012 年 4 月 17 日撮影)。高さ約 16 メートルの津波が襲った。警戒区域に指定された地区では、ほとんどがいまも手つかずのまま放置されている。

福島第一、第二原発の西側を南北に走る国道六号は地震直後に大きく崩落し、交通を分断した。こうした崩落は各地で見られ、避難や復旧において大きな障害となった。

JR 双葉駅に向かう商店街入り口に立つアーチ看板。原発立地町では、このような標語をたびたび目にする。

浪江町津島にある牧場の入り口にはバリケード代わりか、スプレーで「I'll be back（私は戻ってくる）」と書かれた牧草のロールサイレージが2つ並んでいた。その脇で背丈以上に伸び切った雑草が時間の経過を物語る。

浪江農場の敷地内には、地震による地割れの痕跡が残る。「縦揺れでもなく横揺れでもなく、円を描くような何とも言えない揺れが長い時間続いた」と吉沢は語る。

収束宣言が出され、廃炉に向けた作業が続く福島第一原発。無傷に見える排気筒に対して、原子炉建屋は鉄骨がむき出しになっている。まともな状況でないことは一目瞭然だ。

「政府は情報を隠している」

三月十二日の早朝、福島県警の警察官が十人ほど牧場にやってきた。赤いパトランプをつけた紺色のワゴン車が三台。吉沢はどうせ避難指示や避難命令だろうと思い、「うちは牛がいるから無理だ」と伝えたが、警察官は「いや、違うんだ」と言う。彼らは警察の通信部隊だった。

周囲に高い建物や森などがないこの牧場の丘は、通信には最適な環境だ。県警のヘリコプターが撮影した原発の映像をいったんここで受信し、衛星を経由して県警本部へライブ映像を届ける。そのために、しばらくこの場所を借りたいんだ、と彼らは説明した。

申し出を快諾した吉沢は、「朝から晩まで戸外にいるのは寒かろう」と思い、折を見てコーヒーやおにぎり、味噌汁などの差し入れを持っていった。そして仕事が終わったら薪ストーブにでもあたってもらおうと準備していたが、彼らは夕方を過ぎた頃に大急ぎで撤収を始めた。どうやら県警本部から撤収命令が下ったらしい。そして「とうとう来るべきものが来てしまった。政府は情報を隠している。申し訳ないが、我々は命令なので引き揚げる。あなたたちも、もうここにはいないほうがいい」と口にした。

おそらく、三月十二日の十五時三十六分に起きた一号機建屋の水素爆発の情報を、彼らはこの時点でつかんでいたのだろう。そして、政府が隠していた情報とは、ＳＰＥＥＤＩ（System for Prediction of Environmental Emergency Dose Information ＝緊急時迅速放射能影響予測ネットワークシステム）のデータだったのではないかと、いまになって吉沢は考えている。

ちなみに、吉沢の牧場がある浪江町の隣、南相馬市の桜井勝延《かつのぶ》市長は、このときすでに福島県警から「一号機で爆発」という第一報を直接受けている。そこですぐに防災無線で福島第一原発の一号機の爆発を伝え、市民に注意を呼びかけた。ところが、福島県庁にあらためて確認の連絡を入れると、「爆発は確認できていない」と聞かされた。この時点で桜井市長は「まだ爆発はしていないのではないか」「早まった」と判断し、再び防災無線で「一号機が爆発したという情報は誤報です」と、情報を撤回してしまった。結局、桜井市長はあとから事実を知らされ、国と県に情報を隠されたことに愕然とする。

こうして国や自治体は、初動の立ち上がりが遅れた。ようやく二十キロ圏内に避難指示が出たのは、爆発から約三時間後の十八時二十五分だった。

浪江町では、十二日早朝から住民が避難を始めた。国や県から情報がまったく入ってこなかったので、馬場有《たもつ》町長がテレビの報道だけを頼りに独自で判断を下したという。町民の避難場所に指定されたのは、原発から北西に二十五キロほど離れた山間地の津島。ここに地元住民の六倍近くとなる約八千人の町民が押し寄せ、津島小学校、津島中学校、浪江高校津島校、つしま活性化センターなどの各施設は、避難者であふれ返った。

ところが、十四日十一時一分に三号機の建屋が爆発、その後も二号機、四号機と立て続けに異変が確認されたことにより、政府は十五日十一時に三十キロ圏内の住民へ屋内待避指示を出す。これを受けて浪江町は、二本松市への避難を決断した。

ちなみに、福島第一原発から大量の放射性物質が風に乗って北西の方向、まさに浪江町の住民が一時避難した津島方面に飛散したことを知らされたのは、ずっとあとになってからのことだった。

福島第一原発のフェンス際で家畜車に腰かけタバコを吸う吉沢。震災当日、南相馬市のホームセンターで被災したが、浪江町にある自身の牧場に戻って牛の世話を続けた。その後、吉沢は三号機の爆発音を二度聞き、自衛隊の放水作業に伴う白い噴煙を目撃することになる。

《希望の牧場》は福島第一原発から北西方向へ約14キロの地点に位置する。その敷地内に建つ吉沢の姉の自宅から撮影した福島第一原発。排気筒と復旧作業中のクレーンが見える。

浪江農場は、もうおしまいだ

近所の酪農家は、震災以降二、三日は発電機を使って水を汲み、乳を搾っていたが、牛はすでに放射性物質に汚染されていると判断されたため、牛乳として出荷することはできなかった。せっかく乳を搾っても、その場で捨てるしかない。だから多くの酪農家が逃げたのは正しい決断だ。誰も彼らを責めることはできない。

だが、吉沢は逃げなかった。より正確に言うと、「牛のことが気がかりで逃げ出せずにグズグズしていた」という吉沢の言葉の通りだった。逃げるという行為が本当に正しい選択なのかどうか決められないまま、三年前に牧場の敷地内に建てたばかりの姉の自宅に寝泊まりし、震災以降、毎日発電機を回して牛に水やエサを与え続けていた。

十四日の昼、吉沢は三号機建屋の爆発音を牧場内で二度聞いた。

十七日の朝、自衛隊の大型輸送ヘリが上空から三号機建屋へ海水を投下。吉沢は、普段は星や人工衛星などの天体観測に使っている八十ミリの双眼鏡を持ち出し、自宅の二階からその様子をのぞいていた。しばらくすると、原発から水蒸気のような白い噴煙が、排気筒の高さまで立ち上った。

原発が起こした致命的な異変を、この目で見てしまった。その瞬間、ある種の高揚感を覚えたものの、それが絶望に変わるまで時間はかからなかった。

エム牧場の社長・村田淳《じゅん》（現会長）のすすめにより、吉沢は姉と甥を本社のある二本松市に避難させていた。吉沢自身も身を寄せることにしたが、牛たちを見捨てたわけではない。エサと水を与えるため、浪江農場へ通い続けることに決めたのだ。

牧場へ向かう途中、浪江町津島で警察が検問を張っていた。彼らは「通常時の千倍の放射性物質が検出されている。私はいま、あなたを止めた。でも、あなたは行こうとしている。牛の《いのち》が大事なのか、それとも人の《いのち》が大事なのか」と言った。吉沢は「わかってるよ。自己責任、だろ？　オウム真理教のサリンなら即死するけれど、放射能はそうじゃない。だからおれは行く。それに、牛たちは停電で水も飲めないんだ。放っておいたら、あいつら死んじまう」と、警官の制止を振り切った。当時はまだ、こうして押し問答の末、自己責任ということでなんとか通ることができた。

津島へ抜ける国道一四〇号には、自衛隊の部隊が駐屯していた。隊員がテントを張り、そのまわりでは避難民があちこちでたき火をして暖を取っていた。「まるで戦場のようだった」と、吉沢は言う。

しかし、大量の放射性物質が拡散しているという報道が流れると、あっという間にもぬけの殻になった。一人残らず、三十キロ圏外へ避難したのだ。

ここに来て、吉沢は村田に「出荷先から三月分の牛の引き取りを断られた」と告げられた。もう出荷はできない。三三〇頭の牛たちの経済価値は、この時点でゼロだ。

頭では理解できていても、この数日で起きた変化を、吉沢はうまく整理することができなかった。ただ漠然と言い知れぬ脱力感が襲う。とにかく一緒に住んでいた姉と甥を、千葉へ避難させることにした。そして一人になってじっくりと考えた。

もはやこれまで。浪江農場はおしまいだ。

自衛隊や消防は決死隊を作り、放水作業にあたっている。危険な任務だけに、犠牲者が出ないとも限らない。それでも彼らがいなくては、事態はさらに悪化するだろう。

それに比べて東京電力はどうだ。まさに最前線で奮闘すべき者たちが、なにを思ったのか原発から撤退しようとしているではないか。冗談じゃない。なんとしても踏みとどまるように、おれが気合を入れにいくしかない、と吉沢は考えた。

もともと吉沢は、反原発の立場をずっと貫いてきた。実際に、一九六〇年代から計画されていた南相馬市小高区の「浪江・小高原発」に対して、地元住民とともに三十年以上にわたって反対運動へ参加し、声を上げてきた。このたびの東電の体たらくを見て、その積年の思いが、ついに爆発したのだ。

「東電本店へ行って、じかに抗議しよう」

ひとたび覚悟を固めると、その後の行動は早かった。かつて使っていた宣伝用の軽ワゴン車の屋根にスピーカーを積み、黒のマジックで「被爆避難中」と書きなぐった。そして廃車にした車の燃料タンクにドライバーで穴を開けてガソリンをかき集めた。

村田に電話で東京行きを伝えると「よし、わかった。三百頭の牛の損害賠償請求は必ずする。おまえはエム牧場のスポークスマンだ。行ってこい！」と、背中を押してくれた。

吉沢の思いは、このとき言葉として像を結ぶ。

「決死救命、団結！」

思いついた途端、なぜか震えが止まらなかった。

エム牧場では、大地震、原発事故のなかで、逃げ出した従業員も何人かいた。彼らを責めるつもりは、まったくない。しかし、だからこそ残った人間が決死の覚悟で団結し、この危機と戦っていかなくてはいけない――そんな捨て身の思いが、よく表れている。

吉沢は書き置き代わりとして、タイヤショベルのバケット、そして牛の尿を貯めるタンクの壁にスプレーで「決死救命、団結！」と記し、一路東京を目指した。

《希望の牧場》の入り口には、バッテリーがあがってしまった古いタイヤショベルが置かれている。「決死救命、団結！」というスプレーの文字は、震災直後の3月17日、吉沢が東電本店へ向かう直前に書き置きした。

浪江町の中心部を走る新町通り。無人の街に信号機が灯る。2012年5月末、この通りでスーパーを営んでいた60代の男性が、避難生活を苦に自殺した。

単身、東電本店に乗り込む

三月十七日二十三時過ぎ。

新橋の東京電力本店前にたどり着いた吉沢は、報道陣や警察官でごった返す状況を見て身震いした。

恐れをなしたわけではない。「明日の朝一番に、おれは彼らの前で一世一代の演説を打ってやるんだ」と想像するだけで、体の底から武者震いが湧き起こったという。結局この日は興奮のあまり、明け方まで寝つけなかった。

翌朝、いよいよ東電本店に向かう。エム牧場の帽子とジャンパーを身につけ、名刺を用意していざ乗り込もうとすると、すぐに五、六人の警察官が集まってきた。

「おれは浪江町で三三〇頭の牛を飼ってるべコ屋だ」

「あいつらは停電で水も飲めないし、エサもない。いずれみんな死んじまう」

「地震と放射能でめちゃくちゃになった浪江町には、もう二度と帰れないかもしれない」

矢継ぎ早に言葉を続けているうちに、ここ数日で起きた悪夢のような出来事が脳裏を駆けめぐり、感情が抑えられなくなった。

「だから今日は覚悟を決めて来たんだ！」

そう叫ぶと涙があふれ、その場で大泣きしてしまった。

思いが伝わったのか、警察官が東電の内部に連絡を取り、数分後には立ち入りが許可され、本店の応接室に通された。

ただ、おそらく吉沢の様子に警戒したのだろう。二人の私服警官が入室し、次いで総務グループの主任が一人で現れた。名刺を渡し、挨拶もそこそこに「原発事故によって被った大損害をつぐなえ。エム牧場は、あなた方に三三〇頭の牛に対する損害賠償請求を起こす」と切り出すや否や、これまでに渦巻いていた憤怒の念が、とめどなく口を突く。

この数日間、原発を取り巻く状況は悪化するばかりだ。自分たちで作った原発を、自分たちで止められなくてどうする。自衛隊や消防は、決死の覚悟で戦っているのに、あなた方はどうだ。すべてをぶん投げて逃げようとしているじゃないか。ふざけるな。おれだったら、死んでもいいからホースを持って原子炉へ水をかけに飛び込んでいくぞ。いま必要なのは、そうやって〝いのち〟を投げ出す覚悟で立ち向かう決死隊じゃないのか――。

三十分ほど半べそをかきながらまくし立てていると、ついに主任も泣き出した。どうやら吉沢の決意は通じたらしい。「福島県からおそらく一番乗りで東電本店に乗り込んだ意味はあった」と、吉沢は感じていた。

東電本店をあとにすると、丸の内警察署へ向かった。宣伝カーの街宣許可をもらうためだ。署に入ると、四人の警察官が吉沢に応対した。

「近所の酪農家はみんな逃げざるを得なかった。たぶん牛は全滅するだろう。ベコ屋の無念を、この東京の中心部で訴えたい。そのための演説がしたい」

そう訴える吉沢に、警視を名乗る警察官が「きみはたいしたもんだ、えらい。でも、いまは津波で大勢の人が死んでいるわけだし、行方不明の人もたくさんいる。まだ（演説するには）時期が早い。今日は許可は出せない」と、街宣を断念するよう諭した。

たしかに、そうかもしれない。いまの東京で、どれだけの人が自分の演説に耳を傾けてくれる余裕があるだろうか——。

当時、都内も混乱していた。

ガソリンスタンドには携行ガソリンタンクを積んだ車の行列ができていた。コンビニやスーパーからは水や食料品をはじめ、乾電池、トイレットペーパーなどが消える〝買いだめ〟が起きていた。三月十七日には、枝野幸男官房長官が国民に対して、〝買いだめ〟を控えるようテレビで呼びかけたほどだ。

「よしわかった。また来ます」

親切に対応してくれた警視らに礼を言い、吉沢は丸の内署を出た。

次に訪れたのは、農林水産省だ。ここでも担当者とすんなり会うことができたため、浪江町の現状を伝えるとともに「なんとか国として牛たちの保護策を考えてくれないか」と直談判した。

また、原子力保安院では「原発は安全だと宣伝していたのに、爆発したじゃないか？しかも、三号機はプルサーマル燃料で運転中だった。そのせいで、いま原発周辺にはプルトニウムが飛び散ってるじゃないか。あなたたちには原子炉に飛び込む決死の覚悟があるのか」と迫った。さらに「あなた方がやっていることは、保安でもなんでもない。安全保安院？　違うよ。危険不安院だ」と、正直な気持ちを口にした。

勢いを駆って、首相官邸にも出向いた。事故直後、枝野官房長官が会見で福島第一原発の爆発を指し、まるで評論家のごとく「爆発的事象」という表現を繰り返し使っていることに怒りを感じていたからだ。「あれは〝事象〟なんかじゃない、爆発そのものだろう」と本人に言ってやりたかった。しかし、さすがにアポなしで現役の官房長官に会うことはできなかった。

くすぶっていた思いがどうにも止められず、とあるスーパーの前の路上で、即興で二時間ほど声をからして演説を打つと、段ボールで自作した募金箱には、一万六〇〇〇円ほどの募金が集まった。お金は後日、すべて浪江町役場に届けた。

さらに、東京都内を車で移動している途中には、見知らぬ一般のドライバーに「頑張ってください！」と、窓越しに千円札を差し出されたこともあった。

こうして一週間にわたって車で寝泊まりしながら抗議活動を続けたあと、二本松市の村田のもとへ戻った。勢いだけでハンドルを握り車を走らせたが、振り返ると東京では予想に反して警察官、役人は親切に接してくれた。会う人すべてに被災地や避難民の置かれた状況を直接話すことで「気持ちが通じた」という確かな手ごたえもある。

しかし、浪江町の状況は一週間前となにも変わっていない。

原発事故によって畜産業としての浪江農場は終わった。経済価値がゼロになってしまった牛たちの世話をするために、被ばく覚悟で牧場に通う意味は本当にあるのだろうか？

「意味がある」「いや、意味はない」

村田のもとにはエム牧場の社員らが集まり、堂々めぐりの議論が始まっていた。

「いまここで牛を置いて逃げ出せば、一生ベコ屋に戻ることはできないだろう。だからおれは三三〇頭の牛たちと運命をともにする」

吉沢はそう決断したが、一方では「しかし……おそらく意味はないだろうな」とも思う。

こうして〝意味〟を求める自問を引きずりつつ、吉沢は二十三日から村田とともに再びエサやりを開始した。

エサを載せたトラックが牧場へ到着すると、牛がトラックの四方を囲うように集まってくる。吉沢と村田は震災直後から片道２時間以上かけてエサを運び続けた。

国による棄民《きみん》政策への怒り

これほどまでの吉沢の反骨精神と行動力は、いったいどこから生まれるのか。ここではそのルーツを述べておきたい。

一九七一年、世の中は全共闘運動の真っただ中であり、その火種が各地にくすぶっていた。当時、千葉県佐倉市の高校に通っていた吉沢は、新東京国際空港（成田空港）の建設をめぐる激しい紛争を間近で見ていた。

そして政府が実力行使で農家の土地を取り上げようと試みた数回にわたる強制代執行のたびに、機動隊の装甲車が学校前の成田街道を二十台ほど物々しく通る様子を教室の窓から目撃する。この横暴な国の方針に対し、建設予定地となった三里塚地区の高校生のなかには、ヘルメットをかぶってデモ行進に参加する者も大勢いたという。自分と同じ年頃の学生たちが、権力に対して真っ向からＮＯを突きつけていた姿に、吉沢は衝撃を受けた。

その後、進学した東京農業大学では、学生会（全日本学生自治会総連合加盟）の委員長を任され、学費闘争などの学生運動を引き継いで集団をけん引しながら体制に異を唱え続けた。

こうした成田闘争や大学紛争といった時代の空気が、多感な時期の吉沢に大きな影響を与えたのだろう。実際、「勝ち目のない絶望的な状況を、変革へのバネにする」という反骨のメンタリティーは、この時代の経験が原点になっているという。

ただ、吉沢の場合、これだけで話は終わらない。

「たとえば百歩譲って、ほかのものはすべて奪われても仕方がないと考えてみようか。それでも、あの土地だけは、どうしても手放すわけにはいかないんだ」

吉沢自身がそう語る〝理由〟を聞いた。

時は戦時中の満州、吉沢が生まれる前の時代にさかのぼる。

吉沢の父・正三《しょうぞう》は、「満蒙開拓団」として中国東北部に入植した。ところが、日本国民を守ってくれるはずの関東軍は、ソ連が日ソ中立条約を破って参戦してくるという情報をつかむと、いち早く大陸から逃げ出した。このとき、たくさんの入植者や兵卒が国によって見捨てられ、「棄民《きみん》」となった。そして六十万人以上とも言われる日本人とともに、吉沢の父は敵国の捕虜となり、シベリアに抑留されて苛烈な強制労働に従事したのだ。

やっとのことで父が無事に帰国を果たしたのは、それから三年後のことだ。しかし生存帰国者に対して、国はなにもしてくれなかった。

かつて住んでいた土地も追われたため、家もない。お金もない。食べるものさえ、ままならなかった。ただ自分の力だけで、戦後の混乱期を生き延びなければならない。こうして生存帰国者は、国策により「棄民」の扱いを受けた。

親や兄弟が経験した「棄民」の歴史は、大地震、大津波、原発事故のなかで被災地、避難民が受けた国からの扱いと、どこか重なり合うものがあると、吉沢は感じている。

私たちが三月十五日に取材で南相馬市長室を訪れたとき、桜井市長は「国からの情報はなに一つない。情報はテレビだけ。これじゃ見殺しだ!」と憤りをあらわにしていた。国は「ただちに健康に影響はない」として、原発から二十〜三十キロ圏内の住民に対して屋内退避を指示したが、多くの住民は自力で逃げ出そうと必死だった。食料は底を尽き、ガソリンも届かないなか、子どもと自転車で避難した家族もいた。年老いた両親を見捨てて逃げざるを得なかった人もいる。ある人は「子どもだけでも助かってほしい」と、やっとの思いで車一台分のガソリンをかき集め、運転手役の大人一人と近所の子どもたちを車一台にぎゅうぎゅう詰めにして圏外へと避難させた。また、病院では入院患者が一時置き去りにされ、独居老人のなかには原発事故すら知らない人もいた。

市長室では職員が桜井市長に対し、「市長、早く避難指示を出してください。私たち職員も避難したいんです」と迫った。市長は「なにを言ってるんだ。私たちの役目は、市民を守ることだ。落ち着け」と諭した。ちなみに桜井市長は、国や県の指示を待たずに県外の自治体と連絡を取り合い、独自に避難用バスを用意して希望する住民を十八日から県外へ避難させている。一方、浪江町の住民が、国の情報隠ぺいによって避難先の津島でさらに大量の放射性物質を浴びてしまったのは、すでに述べた通りだ。

「満州への移民と原発推進は、どちらも国策だった。国に見捨てられたという意味で、満州引き揚げ者やシベリアへ抑留された人々と、いまの原発避難民の構図は、まったく同じだ」と、吉沢は言う。

だが、父・正三は強かった。

生存帰国者の多くが、生き延びるために必死で新たに土地を開拓したように、正三もまた千葉県の四街道町（現・四街道市）で開墾を始めた。

「無から有を生め」が口癖だったという開拓者精神旺盛な父は入植から二十年後、さらにその土地を売って得た利益で、南相馬市と浪江町にいくつかの山林を手に入れた。その一つが、現在の浪江農場、つまり《希望の牧場・ふくしま》だ。

「棄民というむごい仕打ちを受けても、親父はあきらめなかったんだよね。だからおれもあきらめるわけにはいかない。親父が遺した土地を、簡単にあきらめることはできないんだよ」と、吉沢は語っている。

吉沢の父・吉沢正三（右端の人物）。大正３年（1914 年）生まれ。旧満州黒竜江省（現中国黒竜江省）にて。

浪江町に沈む夕日。吉沢の父・正三が希望の地として移り住んだ浪江町の住人はいま、牛だけだ。

一回のエサの量は約五トン

吉沢が浪江農場をあとにして東京へ向かった翌日の三月十八日、村田は三三〇頭のうち閉じ込めておくと餓死することが明らかな舎飼いの（牛舎で飼っていた）牛二三〇頭を放牧するため、涙を流しながら牛舎のドアのピンをすべて抜いた。

普段は放牧しておいても、農場の周囲にめぐらせた電気の牧柵がしっかり囲い込んでくれるが、震災以降は停電が続いているため、牛たちは簡単に柵を壊して外へ出ていくだろう。手塩にかけてここまで作り上げた牧場が糞尿だらけになり、吉沢の姉の自宅も荒れ放題になってしまうことは容易にわかる。付近の民家に入り込んで荒らすといった光景も想像できる。それでも絶対に餓死させるわけにはいかなかった。この状況下で全頭を放すことは、まさに苦渋の決断だった。

このときの様子を村田に聞くと、いまでも言葉を詰まらせる。ピンを抜くときの悔しさと悲しさと絶望が入り混じる複雑な感情が、深く脳裏に刻まれているのだろう。

村田は、おからや乾草など、牧場に残っていたすべてのエサを牛たちが自由に食べられるように倉庫の扉を開放したが、それもすぐに底を尽くはずだった。この時期はまだ牛のエサとなる牧草も生えてこないので、放っておけばいずれ全頭が餓死してしまう。だから今後は、三日に一度のペースで外からエサを運び込む必要があった。

エサに選んだのは、もやし粕《かす》だ。豆の皮や絞り粕などにタンパク質がたくさん含まれているため、栄養も申し分ない。しかも、通常は廃棄物のような扱いなので、相馬市の業者から安く手に入る。これをフレキシブルコンテナバッグ（通称フレコンバッグ）と呼ばれる保管・運搬用の包材に充填して運び込んだ。

ちなみに、三三〇頭の牛に与える量は、一回につき五トンにも上る。一袋につき約五百キロのフレコンバッグが、じつに十袋。毎回これだけの量のエサを八トン積みのクレーン車に載せ、二本松市から浪江農場へ向かった。

牧場にエサが到着すると、牛たちはどこからともなく集まってくる。草食動物がエサに群がる牧歌的な光景と思いきや、そこは弱肉強食の世界だ。けんかをしながらエサを奪い合うので、弱い牛は近づくことさえできない。はじかれてしまった彼らは、草の根をほじくり返したりしながら、懸命に〝いのち〟をつないだ。

一方、近所の農家では、いたるところで悲劇が起きていた。

エサを運び込む道中、点在する牛舎から絶叫にも似た鳴き声が聞こえてくる。車を降りて酪農牛舎をのぞいてみると、牛たちは「スタンチョン」という金具につながれて身動きがとれず、しかもエサや水を与えられていないために、すっかりやせ細っていた。それから十日、二週間と経つにつれて〝いのち〟を落とす牛の数が増えていく。やせ衰えた牛は、その場でバタンと倒れて息絶え、腐敗していく。やがて蛆が湧き、食い尽くされてミイラになる。なかには畜舎を離れた豚の集団に食われてしまう牛もいた。

吉沢はそういう悲惨な光景を見るたびに「うちでは絶対に餓死させられない」と、逆にスイッチが入ったそうだ。

その後、しばらくエサやりをしながら、帰りは二本松市の仮設スクリーニング所で放射線量検査を受けるという日々が続いた。試しに牧場の干し草や乾草を持ってきて検査してもらうと、二万五〇〇〇シーピーエム（cpm ＝ count per minute ＝1分間あたりの放射線の数）という、とんでもなく高い数値が出た。これは稲わらの汚染と同じで、放射性物質が夜露とともに上空から降りてきて染み込むことが原因だ。

ともあれ、こうして約一カ月間にわたって給餌を続けたが、そんな状況も四月二十二日を境に一変してしまった。

福島第一原発が立地する大熊町で見かけた〝野良〟ダチョウ。少量のエサで走り回る姿が、「少量の燃料で大きな電力を生む原発のイメージに重なる」として、同原発の敷地内でマスコットとして飼われていたところを地元の人が譲り受けたという。

夕暮れの《希望の牧場》。

村田淳は脱サラして酪農をしていた父の跡を継ぎ、やがて酪農から和牛の繁殖肥育に転換、平成７年に個人畜産家から農業生産法人「エム牧場」を立ち上げる。これまでも口蹄疫などの苦境を乗り越え、事業を拡大してきた。現在は福島県や宮城県など７カ所で牧場を経営する。

牧場で唯一の種雄牛【しげしげ】と吉沢。
【しげしげ】は屈強な容姿に反して、とてもおとなしい。

警戒区域設定と殺処分指示

四月二十一日午前十一時、政府は災害対策基本法の規定にもとづき、福島第一原発から半径二十キロ圏内を警戒区域に設定すると発表。翌二十二日午前〇時以降、当該区域への立ち入りを禁止するとともに、当該区域からの退去を命じた。緊急事態への応急対策に従事する人や許可証を持たない人がこれに違反すると、十万円以下の罰金、または拘留となる。

これまでは警察官との押し問答の末、「自己責任」という形で二十キロ圏内に立ち入ることができたが、これからはそうもいかない。

事実、吉沢と村田はエサやりのために裏道を抜けていこうとしたが、すべてのルートがバリケードで封鎖されていた。いったん車を降りてどうしたものかと悩んだが、こんなとで牛たちを見捨てるわけにはいかない。バリケードを二人で抱えて位置をズラしてしまうなど、ゲリラ的な手段で警戒区域へ入っていった。そして狭い山道を縫うように走って牧場へたどり着き、ひとしきり作業してエサを置いてくると、帰りはもとの場所から出ていく。そんな日々が続いた。

ただ、一度だけ「敵情視察」と称して、検問を張っているルートを選んで帰ったことがある。当然、すんなり通ることはできず、南相馬市の警察署に連れていかれて始末書を書かされることになった。

署名・捺印には素直に応じた。しかし、「二度とこういうことはしません」という項目だけは、同意するわけにはいかなかった。吉沢が「ここ、消しますからね」とペンで線を引くと、警察官は「それならちゃんと理由を書け」と言ってうるさい。「牛にエサを与えるため」と書くと、「もう二度と来るんじゃない。入ったところから出ていけ」と言われてその日は追い出されたが、三日後には当たり前のようにエサやりを再開した。

また、ちょうどその頃、福島県農民連を中心に「東電本店へ乗り込もう」と呼びかけがあった。仲間に話を聞くと、セシウムに汚染されて出荷できなくなった野菜や牛乳などの生産品を、それぞれの車に積んで東京へ向かうという。

「おい、うちはベコ積んでいくぞ」

若い従業員にそう伝えて家畜車に牛の親子を運び込み、吉沢自身、二度目となる東京での抗議活動を展開した。

だが、警戒区域の設定から三週間後となる五月十二日、ついに政府は二十キロ圏内に残されている家畜について、所有農家の同意を得た上で殺処分を行うよう、福島県に指示を出した。

もともと、この殺処分には根拠となる法律がない。農家が警戒区域に通うことができない状況のなか、そのまま放置しておけば、やがて餓死するか、飼い主が家畜を放してしまうことが予想された。そういう混乱が起きる前に、政府は〝殺す〟という最も安易で短絡的な手段に走ったのだ。

ただ、一部に汚染牛が出回ったことも事実だった。これ以上の流通を食い止めるために殺処分を決めたという面もあることを、あわせて付け加えておきたい。

いずれにしても、殺処分は想定外の出来事に対する場当たり的な対応に過ぎなかったことだけは、間違いないだろう。


「やはり殺処分か」

吉沢の嫌な予感は的中した。

これには伏線がある。

じつは五月五日付の河北新報の紙面に「警戒区域に立ち入って家畜にエサを与え続けている人物がいる」という記事が大きく載ったのだ。

数日後、枝野幸男官房長官は、報道陣の前で「警戒区域に立ち入ってエサを与えている農家がいる」と口にしている。

「政府の命令に従わない、けしからん輩がいる」などという表立った批判こそ口にしなかったが、報道を通じて知ったエム牧場の給餌活動に対する政府の答えが、この仕打ちだったのかもしれないと、吉沢は考えた。

六月十五日には、浪江町の畜産関係農家を対象に、二本松市の男女共生センターで殺処分説明会が開かれた。

当日はマスコミ数社のテレビカメラが会場に入った。これを見た主催者側の福島県や農水省の担当者は、メディア関係者は外に出てほしいと言ったが、農家側は納得しない。「秘密にすることはないだろう！」「知られて困ることでもあるのか！」などと怒号が飛び交い、会場は騒然とした空気に包まれた。

おそらく農家側の怒りが我慢の限界を超えていたのだろう。原発事故から三カ月も放置しておきながら、いきなり「殺処分に同意しろ」とは何事だという憤りが、こういう形で表れたのだ。

結局、メディアは説明会の冒頭だけを取材し、途中から退席するという措置がとられて議事が進行した。ところが、農水省の説明によると「殺処分した牛は放射性廃棄物扱いとなるので、最終処分場へ移送するまで埋めて処理することはできない」という。つまり農家にとっては、家族のようにして育てた家畜が殺された上に、その死骸は自分の土地に野ざらしにしておけ、と言われているようなものだ。この理不尽な説明に、農家側は再び激しく反発した。

結局、第一回目の説明会は、なにも決まらないまま物別れに終わった。

二回目の説明会は六月二十二日、猪苗代町の農村環境改善センターで行われたが、前回同様、事態は一歩も前に進まなかった。ほとんどの酪農家は殺処分に同意したのだが、和牛の畜産農家からは、「絶対に捺印しない」という人がたくさん出てきたからだ。

それにしても国や県の担当者の対応は、お粗末だ。農家にとって、家畜の〝いのち〟がどれほど重いのか。そして、それを奪うという選択を押しつけることの重大さが、まるでわかっていない。あるいは、想像すら及んでいないようにも見える。

こうして一連の国のやり方をつぶさに見てきた吉沢は、「やはり殺処分への同意など絶対にあり得ない。断固、拒否する」と、決意を新たにした。

福島第一原発から半径20キロ地点に設置された国道6号上の検問。事故直後、飛散した放射性物質の影響で避難を余儀なくされた地域では空き巣被害が多発した。警戒区域設定後は、特別な許可を得た人以外は立ち入りできない。

電気が灯り、洗濯物が残されたままの浪江町のコインランドリー。警戒区域に指定された地域を「死のまち」と呼んだ政治家がいた。多くのメディアは「けしからん」と騒ぎ、結果的に謝罪することとなったが、このように無人となった光景を目にすると、その表現は決して間違いではないと思える。

殺処分後の牛の死骸は放射性物質に汚染された廃棄物として扱われる。農家側の抗議により、最終処分場へ移送するまでは深さ3メートルの穴に埋められることになった。薄茶色の細長い粒のように見えるのは、すべて蛆。

殺処分を行う獣医師や役場の職員。立ち会っていた農家は「本当は殺したくない」と話した。

殺処分後、畑に放置された約250匹の豚（後に埋却）。じつはこの日の朝、同じ場所で数十匹の豚の群れに遭遇し、ちょうど持ち合わせていたドッグフードを与えた。親豚は数匹の子豚を守るようにこちらを警戒しながらもエサを食べてくれたのだが……その夜、こんな光景が広がっていた。

人に移植できるほど組織が似ていると言われる豚を、単純に殺処分するのではなく、被ばく研究などに使うことはできなかったのだろうか。今回の被ばくは、口蹄疫や鳥インフルエンザなどの感染症のように被害が拡大する危険性はない。

「家畜の衛生管理」で許可証を得る

四月二十二日の警戒区域設定以降、日を追うごとに警備が強化されていった。さすがの吉沢も「このままではしんどい」と感じるようになる。南相馬市役所には何度も「エサやり」という名目で警戒区域への立ち入り許可証を申請したが、そのたびに断られていた。

ちょうどその頃、民主党の福島災害対策本部の副部長を務めていた、高邑《たかむら》勉議員と知り合った（二〇一二年七月、山口県知事選に出馬するため衆議院議員を辞職）。高邑は震災以降、国会議員としては最も多く二十キロ圏内に足を運び、最も現場を知っている政治家だ。二〇一二年九月現在で、延べ八十日以上も警戒区域に入っている。ちなみに彼の選挙区は福島県ではなく、山口県だ。にもかかわらず、被災農家の声に耳を傾け、その惨状を訴え続けるなど、警戒区域内の家畜問題を中心として精力的に活動を続けていた。

吉沢がこれまでの経緯を話すと、高邑は「家畜の衛生管理、という名目で申請してはどうでしょうか」と助言した。つまり、餓死した家畜に石灰を振りかけたりして後始末をする活動、という名目だ。実際、夏を迎えて暑くなってくると、餓死した牛の死骸は腐敗して蛆が湧き、ばい菌の温床になってしまう。その事実を、逆手に取るのだ。

言われた通りに申請すると、今度は簡単に許可証が下りた。こうして強力なアドバイザーを得た吉沢は、以降大手を振って警戒区域に入り、エサやりを続けることができるようになった。

スムーズに事が運んだのは、もちろん高邑の功績だ。ただ、ここに至るまでには一筋縄ではいかない背景があった。

警戒区域が設定された翌日の四月二十三日、高邑は南相馬市役所にいた。政府に提出する「緊急要望書」の内容について、桜井勝延市長から相談を受けていたのだ。それは被災農家によるさまざまな要望、たとえば警戒区域への立入調査や給餌の許可、あるいは伝統行事である「相馬野馬追《そうまのまおい》」で使う馬を二十キロ圏外へ移動したいなど、どれも地元住民から強い要請があり、かつ早急に対応が必要なものばかりだった。

その日のうちに、高邑は現地調査のため初めて二十キロ圏内に入ったが、そこで動物たちの惨状を目の当たりにして大きな衝撃を受ける。このときの経験が、その後の活動を決定づけたという。

高邑は急いで警戒区域外に戻ってくると、すぐに筒井信隆農水副大臣と、オフサイトセンター（原子力災害現地対策本部）に連絡を入れ、「二十キロ圏内の状況を、このまま放っておくわけにはいかない。一刻も早く動物関係の対策本部を立てる必要がある」と警告を出した。

翌二十四日の夜、車で福島を出発。深夜に東京へ着くと首相官邸に立ち寄り、福山哲郎官房副長官の秘書に、警戒区域内の映像と調査資料を渡した。翌朝、福山氏本人から連絡が入ると、「馬を放置すれば、相馬の文化や歴史、伝統を汚すことになる」「犬、牛、豚に関しても、できるだけ救出するか、警戒区域の外に出すのが無理なら保護しなければいけない」と訴えた。

さらに、予算委員会を抜けて首相官邸に戻る途中の枝野官房長官をつかまえた。わずかな時間の立ち話だったが、それでも「馬はなんとかなりそうだ」との回答を得ることに成功する。

そして四月二十八日、農水省からの文書により正式に馬の移動が認められ、五月二日に二十八頭の馬が、無事に南相馬市馬事公苑へ収容された。これが警戒区域内の家畜の救出に関して、特例として認められた初めてのケースだった。

警戒区域内にある豚舎で生まれたばかりの子豚を手に取る高邑勉元衆議院議員（※2012年7月、山口県知事選出馬のため衆議院議員を辞職）。山口県選出の議員でありながら1年で80日以上も被災地入りし、国に現状を伝え続けた。

2012年6月22日、首相官邸前で行われた「脱原発デモ」で演説する吉沢。使い古した軽ワゴン車に乗り、牧場のある福島県双葉郡浪江町から片道約400キロの道のりを、いまでも月に2回ほど東京へ通い続けている。

計画停電が行われた夏の暑い日、東京日比谷の野外音楽堂に、福島県双葉郡の住民がそれぞれの避難先から集まり、横断幕を手に霞が関周辺をデモ行進した。

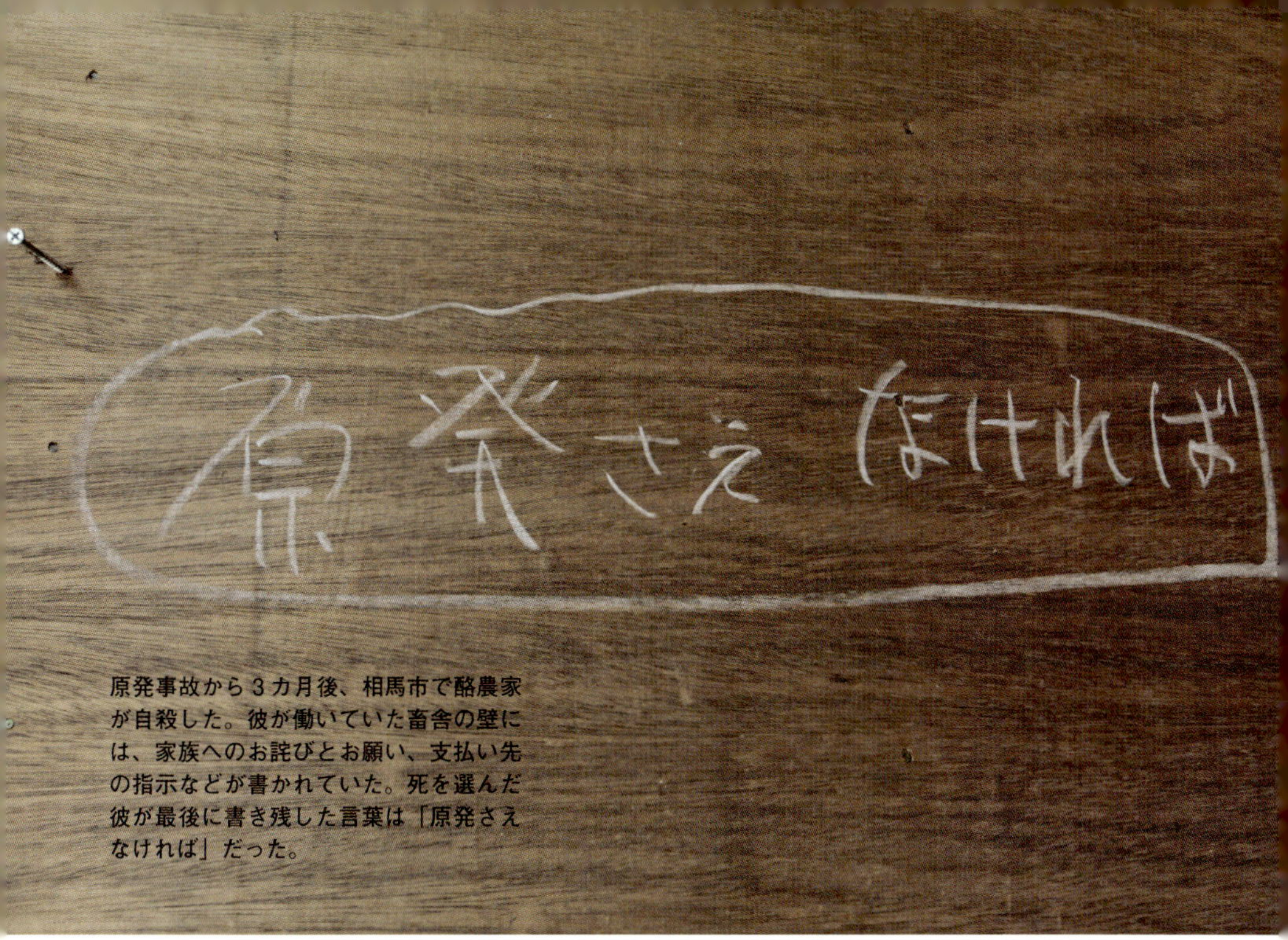

原発事故から３カ月後、相馬市で酪農家が自殺した。彼が働いていた畜舎の壁には、家族へのお詫びとお願い、支払い先の指示などが書かれていた。死を選んだ彼が最後に書き残した言葉は「原発さえなければ」だった。

自殺した酪農家が畜舎の壁に残した言葉を黙って読んだ後、手を合わせる吉沢。

冬のある日、南相馬市の民家の軒下で見つけた猫。最初は警戒していたが、持ち合わせていたジャーキーを与えると、おいしそうに食べた。この猫は数日後に無事捕獲され、シェルターに収容された。

浪江町で撮影した「赤い首輪」をつけた犬の死骸。非常に残酷な光景に見えるが、警戒区域内では珍しいことではない。人が立ち入れないことで死んだ動物たちの死骸の多くは、いまなお放置されたままになっている。

動物救済をめぐる駆け引き

馬をいち早く救うことができた理由は、次の三つの条件をクリアしたからだ。

第一に、食用にしないこと。

第二に、市が管理すること。

第三に、伝統行事に使うこと。

つまり、国は「相馬野馬追に使う馬だけは例外」と言っているのだ。それでは、牛や豚の〝いのち〟は、どうしたら救えるのだろうか？　高邑はもう一度、四月二十三日に政府の原子力災害対策本部長（総理大臣）により示された「警戒区域への一時立入許可基準」を注意深く読み返し、次のような文言を見つけた。

・個別に市町村長が原子力災害現地対策本部長と調整の上、公益性が認められる場合には、立入態様に関する条件を付して一時立入りを許可する。

・食品や家畜等の生物については、持出しを認めない。

ここをよく読めば、馬のように搬出することは難しいが、市町村長の許可があれば警戒区域に入れることがわかる。さらに高邑は、馬の救出が特例として認められた三つの条件を、他の家畜救済にも転用できないかと考えた。

第一の「食用にしない」、第二の「市の管理下に置く」という条件は満たすことができる。では、第三の「伝統行事」というのは、どう読み替えればよいか。

答えは意外にもすぐに見つかった。

五月四日、民主党の城島光力政調会長代理のつながりで、東京大学大学院農学生命科学研究科の林良博教授が、二十キロ圏内を視察に訪れた。同行した高邑は、大量の牛がのたれ死んでいる牛舎、豚が共食いしている光景など、警戒区域内の現実をあますところなく見せると、林教授は「放射性物質が動物の体にどう影響するのか、というテーマは、世界中に研究したい学者がたくさんいるはずだ」と言った。

学術研究目的。

これだ、と高邑は直感した。

伝統行事が動物の救済理由として認められたという事実を広く解釈すれば、公のためになる目的があれば救うことができるということだ。だとしたら、同じように公益性の高い「学術研究目的」であれば、許可が下りるのではないか。

早速、次の公益目的がある家畜の移動を国に認めてもらうため、桜井市長に緊急要望書の作成をお願いした。

1．独自の交配により他にない貴重な固有の畜種であり、個体の保存・活用がまちおこし等地域の復興につながる家畜であること。

2．市が飼育場所の確保と飼養管理を行い、放射線影響等について調査研究が可能な家畜であること。

ここで言う「貴重な固有の畜種」とは、南相馬市の牧場で育てられ、一頭百万円以上で取引される高級豚の前田ポークのことだ。高邑は要望書を通して「学術研究・調査という目的だけではなく、交配に関する貴重なノウハウがあり、それを体現した豚の個体や精子を保存しなくてはいけない。豚は血統で値段が決まるため、ここで全頭見殺しにすると復興できなくなる」と訴えた。

この目論見は、見事に当たった。五月二十日に農水省から豚の研究特例を認めるという文書が届いたのだ。そして六月二十八日、前田ポークの種豚など二十六頭を、茨城県笠間市にある東大農学部付属牧場へ移動、収容することができた。馬の救出に続いて、これが二番目の特例となった。

これで馬と豚は、救出が認められた。当然、先の三つの条件（食用にしない、市が管理する、学術研究目的に供する）を満たせば、牛の保護・救出も認められるだろう。高邑はそう考えていた。

《希望の牧場》の第一牛舎の外壁に掛けられた時計は、東日本大震災の発生時刻を指したまま止まっている。

ある牧場の牛舎の中で並んだまま息絶え、枯れ果てた乳牛。朝晩の給餌のために首を「スタンチョン」という器具で固定されている。乳牛の多くは、このような形で飢えて死んでいった。

手前の区画には死骸、奥の区画には生き延びた豚がいる。写真では伝えられないが、豚舎内は油っぽい死臭と強烈なアンモニア臭が漂っていた。空間には無数のハエが飛び交い、床には一面、大量の蛆が音を立てて這い回っていた。

雑草が伸び切った田んぼを好き勝手に走り回る豚の群れ。

警戒区域内の別の牛舎でも首をつながれたまま餓死している光景が見られた。

双葉町で遭遇した放れ牛の群れ。

牛舎に残された子牛を救出

ここで時計の針を少し戻そう。

福島第一原発から二十キロ圏内、南相馬市小高区から浪江町の中心部へと抜ける県道三四号沿いに、小さな酪農家の牛舎がある。その存在に私たちが気づいたのは、四月下旬のことだった。

まだこの地域が警戒区域に指定される前、「避難指示区域」だった当時は、圏外から通って面倒を見ている畜主がいたのだろう。牛舎の中で死んでいたのは、せいぜい二、三頭だった。残りはやせていたものの、なんとか生きていた。

ところが、警戒区域が設定された四月二十二日以降、状況は劇的に変わった。牛たちは見る見るうちにやせ衰え、次々と死んでいった。それは細々と続けられていたであろう給餌や給水が途絶えてしまったことを意味する。「スタンチョン」という金具につながれたまま餓死している牛もたくさんいた。ただ、不思議なことに金具が外れている牛も、畜舎から離れようとしない。和牛なら舎外に出て雑草を食べて生き延びるケースも多いが、ホルスタインはなぜかそうしないのだ。これは憶測だが、おそらく仲間がまだ牛舎に残っているからだろう。金具につながれた母牛のそばを離れようとしない子牛を見て、そう思うようになった。

五月に入り、暑さを感じる日が多くなると、牛舎はあたり一面に大量の蛆が湧いた。長靴の底で蛆を踏み潰しながら奥へ入っていくと、給水の受け皿にも蛆がたまっている。とても水が飲める状態ではない。牛舎の中には雨水や糞尿がたまる側溝があるが、牛たちは自分が流した糞尿を飲むことで〝いのち〟をつないでいた。

私が牛舎を訪れると、牛たちは目をかっと見開き、水を求めて叫ぶ。バケツに水を汲んで与えると、頭を丸ごと突っ込み、息が続く限りひたすら水を飲む。そして息継ぎのために顔を上げては、また頭を突っ込む。まるで狂ったように水を欲するのだ。


やがてその牛舎は、ほぼ全滅した。最後に生き残ったのは、いつもおびえたように母牛の陰に隠れて乳を飲んでいた、あの子牛だった。私たちは牛舎の壁に書かれていた電話番号にダイヤルして畜主に連絡を取り、この子を他の牧場へ移動させる許可を得た。少し話を聞くと、どうやら畜主本人は、原発事故直後は被ばく覚悟でここへ通い、給餌給水を続けていたのだが、警戒区域の設定以降はあきらめたそうだ。

「最後に生き残ったその子だけでも、なんとか助けてください」と、畜主は言った。

ついでに、この子牛の誕生日を尋ねると、原発事故の大混乱の真っただ中だったためよく覚えてはいないが、三月十四日から十六日の間に間違いないそうだ。

結局、間をとって三月十五日。この日を誕生日にした。そして十五日の「一」と「五」から取って、名前を【いちご】に決めた。

この子の移送先について、私たちにはあてがあった。取材で浪江町に入るとき、この牛舎の近くに、三百頭以上にものぼる元気な牛たちを飼っている牧場の存在を知っていたからだ。あたり一帯、悲惨な牛舎や豚舎が点在するなか、唯一そこだけは信じられないくらい元気に暮らす牛たちの姿を見ることができた。

それがエム牧場浪江農場だった。

早速、連絡を取ると、吉沢は【いちご】の受け入れを快諾してくれた。

そして後日、吉沢は移送作業を手伝ってくれたのだが、【いちご】は体に手をかけると大暴れした。おびえるあまり、その場で糞尿を漏らしてしまう。

それでもまともなエサを食べていないためか、すぐにおとなしくなった。大人一人の力で簡単に持ち上げられるほど体重も軽かったため、吉沢がトラックの荷台に載せて無事に移送することができた。

救出した【いちご】と、その母牛の死骸。畜主から震災直後の3月15日頃に生まれたと聞き【いちご】と名づけた。わずかな時間でも母牛と過ごしたこの場所から離れようとしない。

興奮して暴れる【いちご】をトラックの
荷台で落ち着かせるため奮闘する吉沢。

写真は2011年末に撮影。【いちご】にとって初めての冬だったが、栄養失調と診断され、牛舎に個別収容された。動物を救う上で肝心なことは「救ったあとは守ること」だ。

《希望の牧場・ふくしま》プロジェクト

七月中旬、高邑は警戒区域の家畜を救うため、エム牧場の浪江農場をモデルとする「希望の牧場」を立ち上げるために奔走していた。このプロジェクトの目的は、被災した農家が「餓死または殺処分」のどちらかを選ばざるを得ない現状に異をとなえ、「人の手によって生かす第三の道」を示すことにある。たとえば、被ばく牛の調査・研究をはじめ、耕作放棄地などに牛を放牧して土地の保全管理をしたり、一帯を自然公園や動物園に整備したり、あるいは獣医師を志す学生たちの研修の場などにもできるだろう。こうして、牛たちを生かす道を模索していくのが、活動の柱となる。

私たちもそうだったが、警戒区域のいたるところで凄惨な光景を目にしたあと、エム牧場の元気な牛たちを見ると、まさに「奇跡を見た」という思いに駆られる。このプロジェクトの名前は、そうした驚きの声を率直に表現するものだった。

夏本番を迎えた頃、私はこのプロジェクトのメンバーとして活動していくことを決意した。その準備として、まずは信頼できる仲間に声をかけ、十人ほどスタッフを集めた。資金面は、公式ブログを作って募金を呼びかけたが、軌道に乗るまでは各メンバーが自腹を切って活動費にあてた。また、牧場内のありのままの現実を伝えるためにライブカメラを設置し、公式ブログを通じて配信することに決めた。そして七月二十七日、ついに《希望の牧場・ふくしま》（※以下、《希望の牧場》と表記）が産声を上げた。

ただ、国の方針は、あくまで殺処分だ。したがって《希望の牧場》の活動は、国に正式に認めてもらっていないことになる。それでも高邑が馬や豚で成功したように、牛のケースでも「学術調査・研究」という大義名分が通ってすぐに予算がついたり、あるいは国や自治体が保護・救出を認めてくれるだろうと、私たちは信じていた。ところが、いざスタートすると、すぐにその考えが甘かったことに気づかされる。

まず、各方面から横やりが入った。

手始めに、動物愛護家から「被災動物を実験や研究に使うとは何事だ、けしからん」という電話が来た。彼らは「研究」や「実験」という言葉を、とても嫌う。

「研究のためとか言っておいて、本当は殺して切り刻むんだろ？」

そんなクレームや嫌がらせの電話が、毎日のように事務局へかかってくる。

これはスタートが悪かったせいかもしれない、と考えた。国や自治体に対して、正式にエサやりを認めてもらったわけではなく、立場上はあくまでも「餓死した家畜の衛生管理のための資材を運び込む」という、ゆがんだ形になっているからだ。依然として、家畜の衛生目的という名目がないと、私たちは警戒区域には入れなかった。

南相馬市の桜井市長だけは私たちの活動に理解を示し続けてくれたが、残念ながら直接の窓口となる経済部農林水産課は、協力的ではなかった。おそらく監督官庁となる農水省とはけんかをしたくないのだろう。市長が「協力してやってくれ」と言っても、なかなか現場は言うことを聞いてくれない。それどころか、私たちは数々の嫌がらせを受けた。

たとえば、吉沢が牧場の入り口に《希望の牧場》と書かれた幟《のぼり》を立て、さらに「殺処分反対」という手書きの看板を立てると、すぐに同課担当から私が呼び出された。

「看板設置は目的外行為だ。すぐに撤去しなさい。今日もそのままだったら、然るべき措置をとる」

これはおそらく、オフサイトセンター（原子力災害現地対策本部）の指示によるものだろう。本来、自分の敷地にどんな幟や看板を掲げようが、第三者にとやかく言われる筋合いはないが、吉沢は一時的に幟や看板を下げ、しばらくすると再び掲げる。すると、また注意を受ける。その繰り返しだった。

オフサイトセンターによるこうした妨害工作は、いまだに続いている。

「調査・研究」という名目では、手を挙げてくれる大学や研究機関などがなかなか見つからず、「保護・救出」のほうも一向に認められる気配がない。こうして《希望の牧場》の船出は、いきなり暗雲が立ちこめることになった。

《希望の牧場》は、もともとはエム牧場浪江農場としての位置づけで、放牧による肥育牛の生産をする一拠点だった。ロゴマークは福島県の形をイメージし、動物たちの集合体で作られている。

浪江町に設置され、「いのちの楽園」と名づけられた〝生かすため〟の放牧柵。地震直後から続く停電のため、地下水を汲み上げるポンプや電気柵の電源はソーラーシステムを使っている。

警戒区域には数千ヘクタールの田畑がある。このまま荒廃が進むと、5年もすればジャングルのような状態になるという（写真は「いのちの楽園」）。

牛を放牧したあとの田んぼ。牛にはほとんどの草や木などを食べる“能力”がある。田畑に電気柵をめぐらし、放牧することで、牛一頭につき約2ヘクタールの土地の保全管理が可能だ（写真は「いのちの楽園」）。

牛の野生化が止まらない

《希望の牧場》には、【しげしげ】という名前の種牛がいる（二〇一二年九月現在、去勢済み）。原発事故以前は、三三〇頭のうち約二百頭がメス牛だった。

事故後、【しげしげ】は放し飼いにされてから二十四時間、好きなときに交配を繰り返し、いつの間にか激やせしてしまった。おそらく二〇一二年中には、百頭を超える【しげしげ】の子どもが生まれるはずだ。止めようと思って去勢しようにも、費用や人手が足りていなかったし、そもそも当時の警戒区域には、去勢を理由に獣医師が入ることはできなかった。やがて【しげしげ】は、ガリガリにやせて動かなくなった。仕方なく牛舎に閉じ込めて事は収まったが、問題は新しい〝いのち〟が次々と生まれることだ。それはアメリカの荒野に生息するバッファローと同じ状況になることを意味する。つまり、人間を知らない本当の野生の牛が増えていく、ということだ。

いま牧場にいる牛は、もともと人間に飼われていたので、ある程度はコントロールができる。ところが、人間を知らない野生の牛が群れを作って闊歩するようになると、それこそ無法地帯になってしまう。これは《希望の牧場》だけの問題ではなく、警戒区域すべてがそういう状況になる恐れさえある。

ちなみに、一部の報道では、放れ牛が人間に危害を加えるかのように伝えているし、行政側も「危険なので牛を見かけても近づかないように」と伝えているが、いまの牛たちはそれほど恐れる必要はない。私たちは何度も放れ牛に遭遇しているが、一度として危ない目に遭ったことはない。人間に飼われていた牛は、たとえこちらがその場から逃げ出したとしても、追ってくるようなこともない。

ただ、それもこれまでの話だ。

人間を知らないオス牛は、非常に危険な存在だ。したがって、今後はそれを口実に、国が畜主の同意を得ずに強制的に殺処分する、という事態もあり得るだろう。事実、アメリカでは公的資金を投入して野生のバッファローを撃ち殺している。ひょっとしたら、福島でも同じことが起きるかもしれない。

こうした状況を作ってきたのは、ほかならぬ無策な政府だ。今後どういう事態になってしまうのか誰も想像がつかないだけに、まったく予断を許さない。

浪江町請戸にて、路上にまかれたドッグフードを夢中で食べる豚。放たれた豚の群れのなかにイノシシが紛れていることもあった。

警戒区域にあふれる幼牛。耳標（耳タグ）のついていない子牛の多くは震災後に生まれた証。

牧場に迷い込んだ牛の「タテゴ」と呼ばれる綱を切る吉沢。子牛のときは適度な長さだった「タテゴ」も成長に伴って突っ張ってきてしまうため、綱が肉や骨に食い込んでしまった牛が、警戒区域内にはたくさんいる。

BEISING

子牛の死骸を貪る2匹の野犬。首輪をつけていることから、もともとは飼い犬だったことがわかる。飢えからエサを求めて牧場に現れ、近づくとうなって威嚇してくる。

被災者同士のいがみ合いが勃発

「エム牧場の牛たちは警戒区域内で元気に野良しているし、骸骨が転がっているうちの牛舎を踏み荒らしている、許せない」

「なぜ国の殺処分指示に同意しないんだ」

「全部の牛が平等に死んでくれなければ、牛を置いて逃げた酪農家はバカを見る」

これは吉沢に向けられた、一部の酪農家の声だ。長い避難所生活のなかでは、たびたびこうして被災者同士でいがみ合いが起きている。

たとえば、メディアの取材を受けた吉沢が「浪江町は絶望の町だ。もう帰ることはできない。役場の言う『町に戻ろう』という言葉は、やがてむなしい願望だとわかるだろう」と話すと、それを聞きつけて「おい、発言に気をつけろ」とすごまれる。

ほとんどが殺処分同意書に判子を押した酪農家の立場からすると、いまだに国の方針に従わず、警戒区域に入って和牛の世話をしているなど、とうてい許せる行為ではないのだろう。だからこそ「おまえとは話もしたくない」などと、鬱屈した心境に火をつけてしまうのだ。

エサの量が十分ではなかったため、《希望の牧場》の牛たちが周囲の民家を荒らしていたのは事実だ。私たちが実際に目にした例では、一軒の農家に五十頭くらいの《希望の牧場》の牛が殺到し、ビニールハウスを破って乾草を食べていたことがあった。

また、一時帰宅をした人が、自宅の灯籠や農機具を倒されていたり、糞尿がいたるところに落ちていたりするなど、家畜の被害に言葉を失い、県や自治体に苦情を入れたという報告も相次いだ。

近所の農家から「おれたちは家畜を見捨てたわけじゃない。近所迷惑になるからと、涙ながらにつないだまま避難したんだ。それをおまえたちは、まわりの迷惑も考えずに牛を放して、いまでも生かし続けているとは何事だ。弁償しろ」と、厳しい口調で言われたこともある。

たしかに一時帰宅で戻ったときに自分の家が牛に占領されていたとしたら、ショックを受けるだろう。それでも、警戒区域をこんな状況にしたのは、国と東電のはずだ。戦う相手が間違っていると思ってしまうのは、私だけではあるまい。

《希望の牧場》の牛舎裏にある静かな場所に設けられた死骸の集積場所。震災後に死んだ牛の数は、延べ100頭を超える。名前こそ《希望の牧場》だが、そこにあるのは決して「希望」ばかりではない。すべてがギリギリの状態にある牧場では「死」という現実を避けて通ることはできない。

世の中に伝わらない被災地の現実

それでも村田と吉沢は悩んだ末に「やはり被災者が被災者を恨むようなことがあってはいけない」と考え、二〇一一年の十二月に牧場の敷地をすべて電気牧柵で囲い込んだ。費用はすべて自腹だし、被ばくをしながら長時間にわたって作業することについては「考えないことにした」という。お金の問題も被ばくの問題もクリアになったわけではないのだが、とにかく〝生かす〟活動を続けるためには、これ以上、近所迷惑を続けるわけにはいかない、という思いのほうが強かった。

同情してほしいわけではない。ただ、囲い込みは一〇〇％、人間側の都合ということだけは、わかってほしい。

想像しづらいかもしれないが、じつは野生化した牛や豚は、人間がいなくなった警戒区域内を自由に走り回っているし、子牛や子豚は楽しそうに飛び跳ねている。好きなときに好きな草を食べ、たっぷりと水を飲む。例外なくみんな丸々と太っているし、毛づやもいい。それが警戒区域の現実だ。

囲い込むという行為は、こうした牛や豚の自由を奪い、人間の手で管理することを意味する。いまは吉沢がほぼ一人で管理しているが、三百頭あまりの牛を一人で管理することなど、本当は不可能に近い。だが囲い込んだ以上は、ちゃんとエサを与えなくては死んでしまう。だから、やるしかないのだ。

ところが、肝心のエサの量が、頭数に対して十分ではない。

基本的にエサの購入費は、《希望の牧場》に集まった募金をあてている。これから十年、二十年と生きていくかもしれないことを考えると、いつも栄養価の高い高価なエサに手を出すのは難しく、通常は栄養価の低い安価な乾草しか購入できない。もやし粕がいくら安いといっても、十分な量は確保できない。さらに、冬場は牧草も枯れてしまう。

そんな状況のなか、牛たちは囲われていることで激やせし、多くの子牛が栄養不足で死んでいった。もともと栄養状態の悪い母牛は、生まれてきた子牛に乳を与えることができない。乾草を食べさせていても、子牛にとっては決して栄養が十分ではないので、結局は死んでしまうというわけだ。

《希望の牧場》の牛舎の裏側には、牛たちの墓場がある。ここには〝いのち〟を落とした百頭以上の牛が、山のように積まれている。この一角は、《希望の牧場》という名が皮肉にも思える「絶望の場所」と言える。

こうした現実が、世の中にはあまり伝わっていない。

それは牛の問題だけに限らず、「あそこの家はいくらもらった」「うちはこれだけしかもらっていない」など、お金をめぐる問題もそうだ。私たちが取材したある被災者が、「人が信用できなくなった」と言っていたのが印象的だった。それくらい、お互いに疑心暗鬼になってしまっている。

被災者同士でいがみ合い、果ては人間不信に陥ってしまう。「希望」と名のつく牧場のすぐ裏手には、かつて〝いのち〟を宿した死骸が大量に転がっている。このように福島県双葉郡を中心とした被災地では、いまだ復興への道筋が見えないまま、事態の深刻さだけが増しているのだ。

それでも、吉沢は言う。

「いずれおれたちの活動が、地元の人にも理解してもらえる日が必ず来ると思う。責めるようなことは言いたくないが、多くの農家は補償金をもらうだけで、くすぶっている。このままでは仮設住宅で人生が終わっちまう。警戒区域では墓石が倒れ、亡くなった人の納骨さえできていない。壊れた屋根瓦からは雨漏りしているし、家の中はカビだらけ。高齢の人は、自分がいったいどこに帰ればいいのかわからずに困っている。

子どもやその家族は、浪江には戻らないだろう。だが、おれたちのような中高年が放射能におびえてどうする。なぜ戦わない。たった一年半で心が折れてしまっていいのか。この二十倍、三十倍の長い人生が残っているというのに、こんなことで自滅するわけにはいかないだろう。おれは残りの人生のテーマとして、浪江町の復興のために、東電や国、放射能と戦う道を選ぶ」

吉沢はいま五十八歳だ。

「残りは、あと二十年だろう」と、冗談とも本気ともとれない表情で口にする。

「生き方、死に方を考える時期が、人間には必ずある。ならば、どんなふうに残りの人生を生きるか? おれは自分の思うことが言えて、自分の思いにもとづいて行動する。誰にも縛られない。そうやっていかにも吉沢流らしく、人生を終わらせたい」

決死救命、団結。そして希望へ――。

それはすべての被災者に向けて、万感の思いを込めた呼びかけの言葉だ。

「絆」だとか「がんばろう福島」だとかいった政府キャンペーンのような偽物の言葉ではない。大地震、大津波、原発事故のなかで、一人ひとりの生き方がいま問われている。そしてこの厳しい現実をくぐり抜けた先に、必ず希望はある。少なくとも、吉沢はそう信じている。

動物愛護家のウラの顔

ここに一部の悪質な動物愛護家の実態を表す象徴的なエピソードがある。

「仙台の荒浜の犬」としてCNNやABCなど、海外メディアを巻き込んだ一大騒動にまで発展したため、ご存じの方も多いかもしれない。それは震災直後の三月十四日、フジテレビの夕方のニュース番組のなかで、津波でさらわれた二頭の犬の映像が放送されたことに端を発する。

フジテレビの取材クルーは、津波で壊滅的な被害を受けた宮城県仙台市の荒浜で、泥だらけになって衰弱している白いイングリッシュ・セッターに、茶白のぶち模様のもう一頭が励ますように寄り添っている姿を撮影した。二頭はお互いを気遣いながら、津波で一部が破壊された民家の軒先で、飼い主が帰ってくるのを待っているかのように見えた。

名前は、白いほうが【リー】、茶白のぶちが【メイ】。

ニュースを見た視聴者は、放送直後からインターネット上で「あの二頭の犬を助けてあげて！」と騒ぎ出し、海外メディアも取り上げるなど、大きな話題になった。すると翌日から多数の動物愛護家や愛護団体が、一気にその犬の捜索のために仙台の荒浜へ押し寄せた。そして報道翌日の十五日、某ペットフード輸入業社の社長Aが、「茶と白の一頭は元気がまだあり、白とグレーと黒のほうは弱っており、前者は茨城県内のシェルターに、後者は協力関係にある獣医師の元におります。（原文ママ）」と、ネット上で高らかに声を上げたのだ。社長Aはその後、動物愛護関係者の間でヒーロー扱いされる。他の動物愛護家や愛護団体は、社長Aの「無事保護」の一報を受け、二頭の捜索をやめてしまった。

社長Aは当時、フェイスブックで動物のレスキューを目的とする募金を国内外に呼びかけていた。当然、この一報を受け、多くの募金が集まったと思われる。

ところが、社長Aは救助したあとの二頭の写真を求める一般の人々の願いに応えないばかりか、二頭の保護先などの情報を一切公開しなかった。そして、ある一般の女性が社長Aの言動を不審に思い、独自に調査を開始する。

「私は、二頭の飼い主さんと思われる人の居所がわかりました。社長Aが本当に二頭を保護したのか、現地へ行って調べてもらえませんか」

そんなメールが、福島で被災動物の取材・調査をしていた私たちのもとに寄せられた。

私たちは仙台で実際に二頭の飼い主と会うことができた。「二頭のうち【メイ】は震災直後に自宅近くで再会することができて、いまも一緒に暮らしている。【リー】はいまも行方不明のままです」「社長Aなんて人は、まったく知らない」と、飼い主は言う。

私は実際に【メイ】とも対面することができた。首輪や全身の毛の模様から、フジテレビの夕方のニュース番組が報じた「仙台の荒浜の犬」の二頭のうち、茶白の一頭に間違いなかった。社長Aの「保護した」とする一報はでたらめだったのだ。

私たちはその後、社長Aを取材した。はじめこそ「でたらめなんかではない。飼い主ともちゃんと連絡を取り合っている。犬の居場所はいまは言えない」と見えすいたうそをついたが、私たちが【メイ】とその飼い主に会ったことを告げると、あっさり「保護した犬はフジテレビが報じた犬とは別の犬だった」と開き直った。揚げ句には「あなた方はこの世界の裏を知らない。金になる犬や猫は〝トロフィー〟と呼ばれている。トロフィーをめぐって窃盗や傷害事件だって起きているんだ」などと、こちらが聞いてもいないのに、動物レスキューの世界のウラ側について語り出す、といった始末だった。

こんな詐欺まがいのことが、しかも被災地で平然と行われている。ここまで悪質ではなくとも、メディアで話題になった動物、あるいは話題になりそうな動物を保護すると、大きなお金が集まる。大挙して被災地に押し寄せた動物愛護を騙《かた》る一部の団体の狙いは、まさにそこにあったはずだ。

【リー】は、現在も行方不明のままだ。飼い主がいまも必死に探している。社長Aのうそさえなければ【リー】もまた無事に保護され、いま頃は飼い主と幸せに暮らしていたかもしれない。

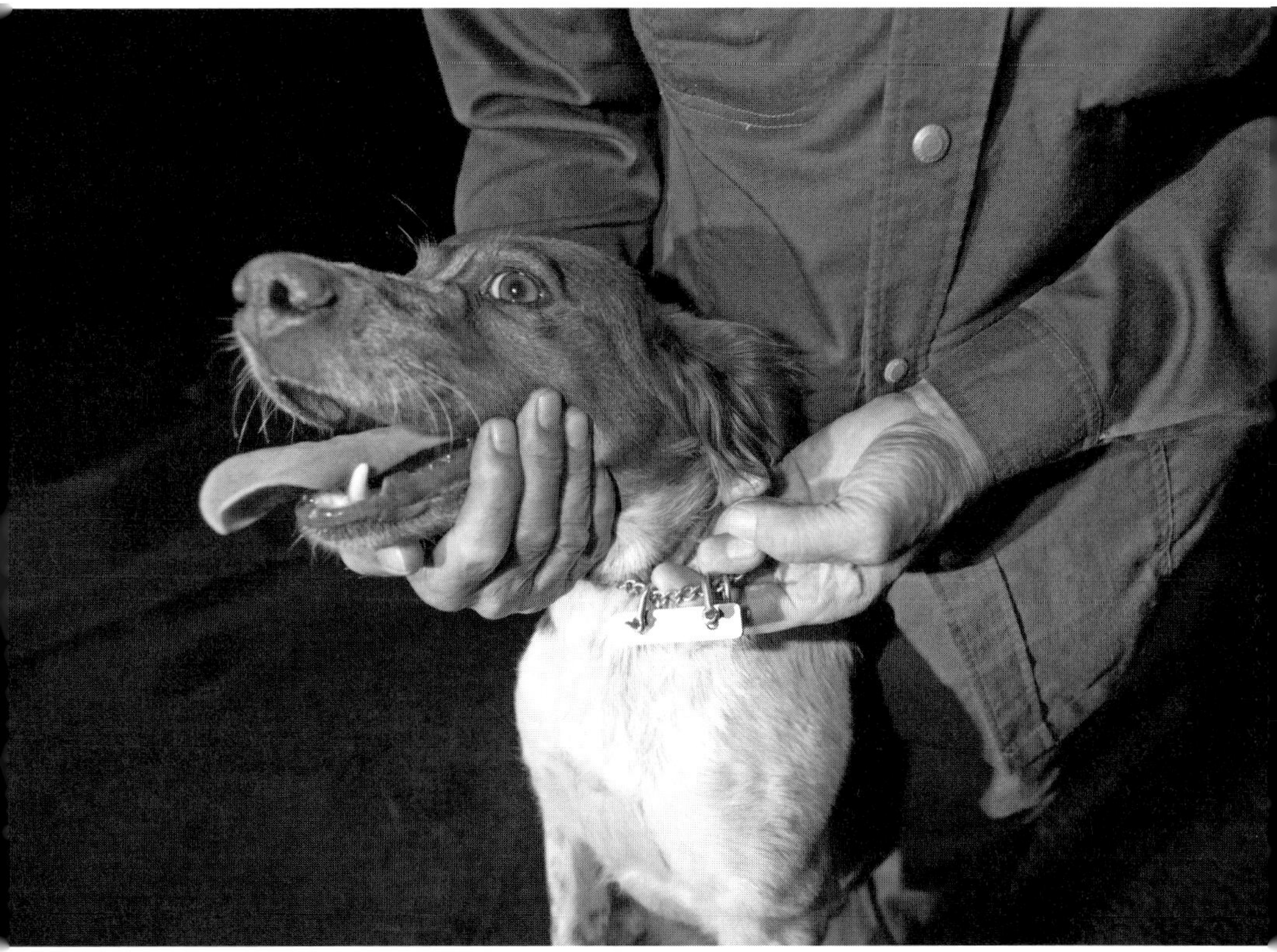

「仙台の荒浜の犬」のうちの一頭【メイ】はいま、飼い主のもとで元気に暮らしている。もう一頭の【リー】(白のイングリッシュ・セッター) に関する情報をお持ちの方は、下記連絡先までご一報ください。
《希望の牧場・ふくしま》事務局
kibouno.bokujyou@gmail.com

殺処分を行う地元自治体のジレンマ

一部の動物愛護家や愛護団体による目にあまる行為は、まだある。

殺処分に同意した畜主の牛舎前の道路に、スプレーで「殺処分反対」という文字を落書きしたり、ガードレールに同じく「殺処分反対！」という文字の入ったチラシをくりつけたりするのだ。

これは農家側にとっては、脅迫以外の何物でもない。実際に被害に遭ったある酪農家は本当に危害を加えられるんじゃないかと、すっかりおびえていた。

たっぷりと愛情を注いで育てた牛が苦しむ姿に耐え切れないから、泣く泣く殺処分に同意し、安楽死を選択した畜主もいるというのに、その気持ちをまるで知ろうとしないばかりか、どうして脅すようなまねをするのだろうか。

また、彼らは時に、誤った情報を流すこともある。

「行政は牛に洗剤を注射して殺している」

「農家の同意を得ていない牛まで勝手に殺している」

こうして一般の人々の感情をあおるのだ。

はっきり断っておくが、そんな事実はない。

私たちは何度も殺処分の現場を実際に目の当たりにしたが、行政の職員や業者は信じられないくらい家畜の死骸を丁寧に扱う。クレーンでつるときも、まるで人間の遺体でも運ぶかのように、ゆっくりと、静かに動かす。

動物の〝いのち〟を好きこのんで奪う者がいるだろうか。畜主しかり、行政の職員しかり。なかには自分たちで〝いのち〟を奪ってしまった家畜に対して申し訳ない気持ちでいっぱいになり、精神的におかしくなった人もいる。

殺処分に同意せざるを得ない事情があって、たまたま殺す役目を負ってしまった人を責めれば、それでなにかが解決するというのだろうか。まったくもって無責任な言動と言えるだろう。

警戒区域に指定された町の一つである富岡町役場では、殺処分を実施する予定日に、一部の動物愛護家らの呼びかけによって、回線がパンクするほど「殺処分中止」を訴える抗議の電話が殺到し、一般の人からの電話もつながらなくなる事態が起きていた。対応に窮した富岡町は、現状を国へ伝えるとともに、殺処分をいったん延期することに決めた。

この富岡町の動きを受けて、一部の動物愛護家は「我々の勝利だ！」と吹聴していたようだが、このようにして地元の自治体を一方的に悪者に仕立て上げるのも、現実を知らないと言わなければならない。

殺処分の延期が決まる前日、吉沢と私は二人で、富岡町の役場機能が移転されている郡山市へ出向き、遠藤勝也町長と、産業地域振興課の課長に会った。

「殺処分は止められないだろうけど、会って話がしたい」

それが吉沢の思いだった。

本来はアポイントを取りつけるべきだったが、ちょうど抗議の電話で回線がパンクしていた時期だったため、仕方なくアポなしで訪問するという形になった。

抗議の電話だろうか、着信の音が鳴りやまないなか、膝詰めでじっくり話をすることができた。

吉沢は「殺処分ではなく、こういう方法もある」と言って、〝生かすため〟のアイデアをいくつか提案したのだが、課長は顔を真っ赤に染め、泣きはらしたような目で私たちに訴えた。

「おれたちだって殺したくない。でも、国はどうですか？　殺処分でしょ？　それに逆らえる地元行政なんて、どこにもないんだ。あなたたちは生かしたいと言うけれど、飼養管理にかかる経費はどうするんですか？　国を『うん』と言わせるプランを持ってきてください。それと十分な資金も」

一方、遠藤町長は、東京農業大学出身で、吉沢の先輩にあたる。以前から同窓会などで会ったこともあり、《希望の牧場》の活動も知っていたそうだ。

「おれは心からきみたちを応援しているし、素晴らしいことをやっていると思う。本当に頑張ってほしい。ただ、おれたちも一年以上、生かすために努力をしてきたが、もうだめだ。だから殺処分を決めたんだ」と語った。

役場をあとにした吉沢が、ボソッとつぶやいた。

「(殺処分を)止めることができなかったのは、おれたちの実力不足だ。実力をつけてこそ、そしてそれを示してこそ、希望が見えてくる」

この翌日、結果的に富岡町はやむなく殺処分の延期を決めた。「どっちつかずで責任逃れのお役所的な対応だ」と言われてしまえばそれまでだが、もともと富岡町は〝生かすこと〟に前向きだった。実際に、被ばくした牛の除染ができないかと、約五十頭ほどを柵に入れて保護する活動も行っていた。

しかし、地元住民からの反対もあるし、クレームも多い。一方では「生かしたい」という電話も受けている。このように地元自治体も、板ばさみにあって苦しんでいるのだ。誰も喜んで殺処分などしたくはない。

さらに言えば、役場の職員たちだって、被災して家を失い、家族を亡くしている人も大勢いる。もちろん、殺処分に同意した農家もまた、全員が被災者だ。

だが、一部の動物愛護家は、自分たちは決して傷つくことのない安全な場所から「全部が人間の都合でしょ」「農家は牛を見捨てた」「殺処分の業者は人でなし」などと偏った感情論ではやし立てているに過ぎない。

なぜそんな簡単なことに思いが至らないのだろうか。理解に苦しむ。

もう一度確認しておくが、このたびの放射能漏れ事故の責任は、原発政策を進めてきた国と東電にある。そこを履き違えると、物事の本質を見誤ってしまう。

原発事故後も楢葉町で乳牛を生かしていた酪農家の牛舎前に残された「殺処分反対」の落書き。これは農家にとって脅迫以外の何物でもない。

あきらめないもう一つの理由

吉沢が牧場をあきらめない理由として、すでに彼の父親のエピソードを取り上げた（P37～39を参照）が、じつは話にはまだ続きがある。

東農大を卒業した吉沢は、浪江町で酪農業を営んでいた家族の仕事に加わった。ところが、ほどなくして父・正三が、誤って転倒したトラクターの下敷きになるという不幸な事故で亡くなってしまう。これを境に、事態は急激に暗転していった。

当時五十歳だった兄は牧場を、吉沢自身は南相馬市の土地を、それぞれ相続した。吉沢は相続した土地に特別な思い入れはなく、利用する価値もないと判断したため、五年後に売り払った。しかし、そこには産廃処分場の建設が計画されていたために望外の高値がつき、結果的に大きなお金を手にすることになった。牧場の資産とともに、牧場が抱えていた借金まで受け継いでしまった兄にとっては、それがおもしろくない。

やがて弟に対する嫉妬が「あいつを見返してやる」という屈折した感情へ変わったのだろうか、兄が突然、「結婚する」と言い出した。婚約者はもちろん、付き合っている人さえいなかったにもかかわらず。しかも、五十歳を過ぎた酪農家へ嫁いで来てくれる女性など、そう簡単には見つからない。うまくいきかけたことも何度かあったが、最後にはお約束のように断りの連絡が入る。そのたびに落ち込んでいたそうだが、あるとき「全国の農村部の青年にお嫁さんを！」というスローガンのもと東京で開催されたお見合いイベントに参加して、ついに相手を見つけてきた。

問題は、それが結婚詐欺師だったことだ。

「父親は国会議員、自分は某大手都銀勤務で、弁護士の資格を持っている」と自己紹介された時点で、普通は疑ってかかる。その上、住所も電話番号も教えないというのだ。こんな子どもだましのうそを見破れなかったのだから、よほど兄は焦っていたのだろう。

ただ、電話は頻繁にかかってきた。しかも朝昼晩と夜中にも、毎日十回以上だ。そして兄と会うたびに「必ずお嫁にいくから安心して」と口にしたという。

話を聞いた吉沢は危険を察知し、興信所を使って身辺を調べてもらったが、どうやら相手に気づかれたらしい。その女性は、兄に向かって「あなたの弟が興信所を使って私の周辺を調べている」「そのせいで私は会社を首になった」「自殺も考えるほど精神的に衰弱している」「治療にお金がかかる」「生活の面倒を見てほしい」などと言って、次々と金を要求してきた。渡しても渡しても、同じことの繰り返しだった。この頃にはすっかり兄もノイローゼになり、ますます相手の術中にはまり込んでいった。そして泥のようにだまされ続け、転がされた。

最終的に、数千万円を巻き上げられた。サラ金に手を出し、百頭以上の牛を家族に黙って売り払った。挙げ句の果てに、父から相続した牧場を売却すると言い出した。

それだけは絶対に許さない——ついに吉沢の堪忍袋の緒が切れた。

そして相馬市といわき市の裁判所に駆け込み、牧場の土地保全の申し立てをするとともに、兄を「経済的な判断能力が欠けた者」と認めてもらうよう準禁治産者宣告の申請をし、三年にわたって裁判で争った。

こうして事態が泥沼化していくなか、母に衝撃的な事実を告げられた。

戦時中、吉沢の父・正三は、一人で満州に入植したわけではない。妻と母、そして現地で三人の子どもをもうけていたのだ。

関東軍が逃げ出したあと、吉沢の父と家族は約一カ月間も逃げ惑った。一緒に逃げた日本人の多くは、山の中で餓死したり、ソ連軍に撃ち殺されたりした。捕虜となった者はひどい扱いを受けた。そしてついに、吉沢の家族も追い詰められた。「逃げ切れない」と悟った正三は、覚悟を決める。自分の母と子どもたちを、自らの手で殺したのだ。

このとき、正三がどんなことを考え、母や子どもたちとどんなやりとりがあったのかまでは、吉沢自身も知らされていない。したがって、これは想像でしかないが、おそらく正三は「敵につかまって惨殺されるくらいなら、いっそのこと自分が手にかけたほうがましだ」と考えたのではないか。守ってくれるはずの関東軍はいない。陸から空から追ってくるソ連軍。逃げることをあきらめ、集団自決した日本人も少なくない。国に見捨てられた多くの人々が、吉沢の父と同じように、家族をその手で殺めたと聞く。人間が人間でなくなった時代。これが国のとった「棄民政策」が招いた、血も凍るような現実だった。

母の告白を聞いた吉沢は後日、父の墓の前で手を合わせ、「親父が遺してくれたこの牧場を、いったい誰が守るんだ？　自分しかいないだろう。牧場は必ず詐欺師から守り、そして絶対に捕まえる」と、あらためて誓う。

結果、牧場を守ることはできた。だが、兄との裁判は、それから十年続くことになった。兄との争いに疲れ果てた吉沢は、途中で牧場を去り、大型トラックの運転手に転職した。あとからわかったことだが、例の女は前科十犯というとんでもない詐欺師だった。別件で逮捕された際に判明した。声色を使い分け、時には男になってターゲットをまんまと陥れるという手口で次々と犯行を重ねていったということだ。

十年の歳月が流れて兄はようやく自分が犯した過ちに気づき、「もうおれは恥ずかしくて浪江にはいられない。あとはおまえに任せる」と言い残して九州へ去った。それがいまから十四年ほど前の話だ。

兄とのわだかまりを水に流した頃、吉沢はエム牧場の村田社長と出会った。運送業へ転職したときには「もう二度と牛飼いに戻ることはないだろう」と思っていたが、和牛の繁殖に情熱を傾ける村田の話を聞いているうちに、再び心に火が灯った。

「よし、エム牧場さんにお世話になろう」

すっかり荒れ放題になった浪江農場へ母と二人で戻り（母は二〇〇二年に死去、その後は一人となる）、まずは三頭の牛を預けられた。

「知識と経験のある酪農家ではなく、今度は和牛の繁殖農家だ。一から学ぶことも多いだろう。それでも親に譲ってもらったこの地で、おれはもう一度牛を育てられるのだという喜びでいっぱいだった。あのときの感動は、一生忘れられない」

それから村田と二人三脚で、牧場の再生が始まった。

自分たちで鉄骨を打ち込んで屋根を葺き、生コンを流し、ドアを溶接するなど、すべて手作りで作業した。古くなって傷んでいた牛舎を改造し、新しく仕立て上げた。順調に牛の数が増えたため、二棟目の牛舎を建てた。堆肥の処理センターも造った。そしてもう一棟、新たな牛舎を造る予定だった。このままうまくいけば、最終的には六百頭規模の大きな牧場になるだろう――そんな希望に燃えていた矢先に、原発事故が起きたのだ。

2011年末、牧場の入り口に和牛の骸骨をオブジェとして設置。『少し過激すぎるのでは？』と尋ねると「現実だよ、現実」と吉沢。

生まれたばかりの子牛。へその緒がついたまま栄養不足で死んでしまうケースも少なくない。

東京渋谷のハチ公前で街頭演説

休日でにぎわう渋谷駅ハチ公前広場。おもむろに軽ワゴンの宣伝カーの屋根に上った吉沢が、マイクを通して繁華街を行きかう人々に呼びかける。

「私は福島県浪江町でいまなお三百頭あまりの牛を飼っているベコ屋です。私たちは福島第一原発の爆発以降、町を追い出され、避難所生活に苦しんでいます」

月に一度はこうして東京の街頭に立ち、マイクを握っている。

しかし、都会の人にとっては耳が痛い話だからだろうか、それとも本当に無関心なのだろうか、ほとんど全員が素通りしていく。なかにはスピーカーから流れる大きな音声が気に入らないせいか、舌打ちしてにらみつける者もいれば、あからさまに耳をふさいで怒号を飛ばす若者もいた。

それでも、ポツリポツリと足を止める人が出てくる。一人。また一人。決して数は多くない。吉沢が演説を続ける。

「福島は東京に何十年も電気を送り続けてきました。なのに、いまでは『放射能ばい菌』だとか、『福島から嫁はもらうな』だとか、そういう深刻な差別が現実に起きています。みなさん、考えようじゃありませんか。福島を犠牲にして、我々を蹴飛ばして、この東京は便利な暮らしが成り立っているという事実を」

憐れんでほしいわけではない。同情してほしいわけでもない。ただ、一緒に考えてほしいと、吉沢は必死で呼びかける。

エネルギーのあり方、暮らしのあり方、そしてこの国のあり方を、一人ひとりが深く考えるときが来た。このまま政府の言いなり、マスコミの言いなりになるようでは、原発事故が起きる前の日本に戻ってしまう。それを最も恐れているのだ。

「いま国は、私たちベコ屋に牛を殺せと言っています。国は殺処分とともに、原発被害の証拠を隠滅したいのでしょうが、私は絶対に殺処分には同意しません」

話が佳境に入って熱を帯びてくると、時折声が裏返ってしまう。うるさいと思われても仕方がない。しつこいと言われると申し訳ないと思う。それでも吉沢はマイクを通して語りかける。

「被ばくした牛たちは人間と同じか、それ以上の原発の犠牲者ではないでしょうか。これから十年、二十年と、彼らが生き続けることによって、この問題は長く語り継がれていくことになるでしょう。私の牧場の牛は原発事故の生きた証、絶望のなかに灯る希望の光です。私はこれからも、牛たちを生かし続けます」

「米も売れない、野菜も売れない、子どもたちはもう帰ってこない。死の町、絶望の町、私たちの町はチェルノブイリになってしまった。地震で壊れる原発、津波で爆発する原発はもうたくさんだ。子どもたちの安全、日本の未来をみんなで考えよう」と、街頭で訴える吉沢。

東電、国は大

事故に遭った瀕死の子牛を保護

二〇一二年二月十四日、《希望の牧場》事務局宛てに一本の電話が入った。

電話の主は、〝happy20790〟というツイッターのアカウントを持つ福島第一原発の作業員だった（現在は〝happy11311〟にアカウントを変更）。

「いま原発の正門前に、交通事故に遭ってうずくまったまま動かない子牛がいる。なんとか助けてもらえないだろうか？」

状況を詳しく聞くと、福島第一原発の作業関係者が運転する車に、牛の親子がひかれてしまったのだという。残念ながら母牛は即死。子牛のほうは、一命を取り留めたものの重傷を負っている。ちょうど事故の現場に居合わせた〝happy20790〟氏らは、直後から子牛に食べ物や飲み物を与えたり、防寒用のビニールを体にかけてあげたりして面倒を見ていたそうだ。

すぐに吉沢に連絡を取って事情を話すと、いまちょうど《希望の牧場》にいるので、すぐにトラックで現地に急行する、と言った。

レスキュー依頼の電話が入ったのは、午前十一時。その二時間後の午後一時に、吉沢は現場に到着した。子牛の推定月齢は六カ月、オス牛で少し角が生えていた。ただ、電話では子牛と聞いていたが、実際には体重が一〇〇キロ以上もあった。吉沢一人の力ではとても荷台に載せられなかったが、たまたまそこを通りかかった男性二人が快く協力を引き受けてくれたので、無事に連れ帰ってくることができたそうだ。

牧場に到着すると、子牛は水も飲まず、エサを口にすることもなく、ずっと小刻みに震えていた。大急ぎで獣医師を呼んで診てもらうと、下半身をペンチでつねっても、金づちで軽くたたいても、まったく反応がない。脊椎を損傷してしまったため、下半身の神経がまったく機能していないのだという。

今後は時間の経過とともに上のほうの臓器が侵され、やがて肺が動かなくなり、呼吸困難になって〝いのち〟を落とす。獣医師に「残念ながら、おそらく長くはないでしょう」と宣告を受け、メンバー一同、落胆した。

子牛は衰弱が激しかったため、牧場のなかで一番日当たりのいい場所にわらを敷き、毛布をかけた。二、三日すると、自分から水やエサを口にするようになり、少しずつ元気が出てきたように見えた。

子牛は【ふく】と命名した。

とくに深い意味があったわけではない。

福島の【ふく】。
それに、復興の【ふく】でもあり、幸福の【ふく】でもあった。

福島第一原発の正門付近で保護され、《希望の牧場》に搬送されてきた【ふく】を抱きしめてキスをする飼い主の鵜沼久江さん。

その瞬間、奇跡が起きた

警戒区域で起きている現実を一般の方々にも知ってもらうために、私たちは《希望の牧場》の公式ブログに、【ふく】の写真を掲載した。直後からたくさんのコメントが寄せられたが、ほどなくして双葉郡に住んでいた被災者の方から「おそらく、【ふく】ちゃんは鵜沼《うぬま》久江さんのところの牛だと思います」という連絡が入った。

鵜沼さんは震災以前、双葉町で畜産業を営んでいたが、いまは埼玉県で避難所生活を強いられている。事故があった現場付近で、いまだに牛が生きているのは鵜沼さんの牛舎だけだったので、人づてで【ふく】の情報を聞いたときには、なんとなく心当たりがあったのだという。後日、あらためて鵜沼さんの娘さんから事務局に連絡があり、「母も【ふく】ちゃんに会いたいと言っています」と教えてくれた。

もともと繁殖牛の農家は、自分の牛舎で大きく育ててから出荷する。その間に情が生まれ、まるで家族に近い感覚すら抱く人もいるそうだ。最終的には殺して収入を得る家畜に対して、「家族」などと言うと信じられない人もいるだろう。しかし、少なくともこうして愛情を込めて丁寧に育てる農家があるからこそ、私たちは世界的にも評価の高い最高品質の牛肉を食べることができるのだ。

しかも鵜沼さんは、とりわけたっぷり愛情を注いで育てる畜主だった。なにしろ一頭一頭、すべての牛に名前をつけてしまうくらい、自分の牛たちをかわいがっていた。

震災前、鵜沼さんの牛舎には、約五十頭の牛がいたが、全頭をつないだまま避難したため、一時帰宅で戻ったときには、半分が死んでいたという。それでもずいぶん数が減っていたというから、おそらく自力で逃げ出した牛もいただろうし、たまたま通りかかった人が不憫に思い、牛舎から解放したというケースもあったのだろう。

唯一、生存を確認できたのがメス牛の【ヒロコ】だった。そのときには、すでにお腹が大きかったので、まもなく子どもが生まれることは鵜沼さんもわかっていたそうだ。

ちなみに、【ヒロコ】は八月に出産予定だった。【ふく】の推定月齢から逆算しても、生まれたのは八月という計算になる。したがって【ふく】は、ほぼ間違いなく【ヒロコ】の子だと言えるだろう。同時に、原発正門前の事故で死んでしまった母牛が【ヒロコ】だという事実も、残念ながらこの時点で確定した。

対面の場は《希望の牧場》だった。

鵜沼さんは、私たちと会ったときからすでにうっすらと涙を浮かべていたが、牧場に到着するとと「警戒区域で、こんなに牛たちが幸せそうに暮らしているなんて、本当に信じられない」と言って、さらに泣いた。

牛舎の中で休んでいる【ふく】にゆっくり歩み寄ると、鵜沼さんは「ごめんね、ごめんね」「よく生きててくれたね」と泣きながら強く抱きしめた。すると突然、【ふく】は甘えるように大きな声で鳴き、同時に四本の足でヨロヨロと立ち上がった。

はじめに、後ろ足。

次に、前足。

まさに奇跡だった。

強く押せば、押されっぱなし。関節を伸ばしても、伸ばされたままでまったく動く気配がない。立ち上がることなど、絶対に不可能だと思っていた。それが鵜沼さんと会うや否や、誰の助けも借りずに自力で立ち上がり、歩き出そうとしたのだ。

〝いのち〟のすごさを、あらためて思い知らされた気がした。

鵜沼さんは、自分の手で警戒区域に残してきてしまった【ヒロコ】の子どもが、こうして生きてくれているという事実に、心から感動したという。力尽きて再び寝そべっている【ふく】の足を手に取り、優しくさすりながら「いつか一緒に住もうね」と声をかけていたのが、とても印象的だった。

この日を境に、【ふく】はたびたび自力で立ち上がり、三歩、四歩と、懸命に歩こうとする姿を、何度も私たちに見せてくれた。

ただ、その様子を二十四時間、ずっと私たちが見守ってあげることはできない。そこで牛舎の中のライブカメラを設置した部屋に入れて、【ふく】を一般の方々にも見てもらうことに決めた。

公式ブログのライブカメラは、ツイッターと連動している。【ふく】が立ち上がろうとする姿が映るたびに「頑張れ！」「あ、【ふく】ちゃん立った！」「もう少し！」というツイートが集まったが、二、三歩のところですぐによろめき、バタンと倒れてしまう。来る日も来る日も、その繰り返しだった。

自力でエサが食べられるようになったし、「ひょっとしたらこのまま歩けるようになるんじゃないか……」と淡い期待を抱きつつも、もどかしい日々が続いた。

【ふく】ちゃん、天国へ

鵜沼さんは【ふく】に「また来るね」と声をかけて手を振り、埼玉の避難所へ帰っていったが、悲しいことに二度目はなかった。

一度目の発作は、吉沢と私が農家からゆずり受けたエサを取りに行っている最中に起きた。突然倒れて全身けいれんを起こしたのだ。その様子をライブカメラで見ていた一般の方が知らせてくれた。私たちは急遽予定を変更し、すぐに牧場へ戻った。水を飲ませたら少し落ち着いたので、おそらく一過性のものだろうと安堵した。

そして三月十九日、再び発作が起きた。

状況は前回とまったく同じだった。ライブカメラを見ていた人から連絡を受け、牧場へ急行したが、今度は助からなかった。脊椎損傷の影響が下半身から上半身へと移り、ついに呼吸器系に障害を引き起こしたのだ。

「神経が完全にやられてしまっているので、おそらく痛みは感じていないだろう」と、獣医師は言った。その言葉だけが救いだった。たしかに【ふく】は、餓死した牛とは明らかに違う、安らかな顔をしていた。

私たちは牧場の南側、浪江町を見下ろす小高い丘の上に墓を作って埋葬し、【ふく】と永遠の別れを告げた。３・11のちょうど一年後をこの牧場で過ごしたのは、ひょっとしてなにかの縁だったのだろうか。ふと、そんなことを思う。

【ふく】のことは、多くのメディアが取り上げてくれた。

まず最初に、東京新聞の「ふくしま作業員日誌」という連載記事を書いていた女性記者が、紙面で大きく掲載してくれた。また、テレビでは、鶏沼さんに密着取材をしていた日本テレビの「ＮＥＷＳ　ＺＥＲＯ」で放送された。それがきっかけになったのかどうかはわからないが、続けざまにＮＨＫの「あさイチ」や、フジテレビの特番でも《希望の牧場》の活動が大きく取り上げられた。とくにＮＨＫ「あさイチ」の放送日以降は、わずか一カ月で募金が一〇〇〇万円近くも集まった。

番組中、とくに募金を呼びかけたわけではない。それまで募金の多くは動物が好きな一般の人が占めていたが、大メディアに取り上げられたことで、おそらく吉沢の思いや《希望の牧場》の活動に共感し、ネットで情報を集めて公式ブログにたどり着き、私たちが募金によって活動を続けていることを知ってくれたのだろう。

こうして募金は全国から集まったが、さらに被災地の人々からも、募金や支援物資、応援メッセージが届いたのには驚いた。「あなたたちは警戒区域の希望の光。とても勇気をもらった」「感動をありがとう」など、本当に温かい声をたくさんいただいた。

また、その後は福島県の鮫川村役場、千葉県の大規模農家、栃木県那須町の大規模農家などから、エサの支援の申し出をいただいた。

福島県と、その近辺で作られた乾草は、放射性物質に汚染されているため、市場に流すことはできない。ところが、国や自治体は「そのまま置いておけ」と言うだけで、具体的な指示は出していない。こうして行き場を失った大量の乾草を《希望の牧場》にぜひ使ってほしい、というのだ。

こちらにとっては、これ以上もない話だった。その上、それぞれの地元の復興に一役買うことができればと、お互いの利害が一致して受け入れを決めた。

これでエサに関しては、しばらく心配する必要がなくなった。しかも、いただいたエサは、ほとんどが直径一メートル以上もある乾草ロールだった。これまで与えていた乾草は安価なだけに、ほとんど水分を含まず栄養価も低いものだったが、発酵させて作る乾草ロールは十分に水分を含み、栄養価も高い。それに牛たちも以前より明らかによく食べてくれるので、味も申し分ないようだ。

とてもありがたいことに、【ふく】の報道をきっかけに、こうして支援の輪がどんどん広がっている。つまり、私たちが【ふく】を助けたのではなく、私たちが【ふく】に助けられたのだ。

こんなことを言うと「お金が集まったからうれしいのか」と言われてしまいそうだが、いままで苦しい台所事情のもとギリギリのところで活動を続けてきたことを考えると、やはり素直にうれしいと言っておきたい。しかも、《希望の牧場》と同じように、警戒区域内で牛を生かし続けている仲間の農家さんを支える余裕まで生まれたため、現在では資材やエサを提供したり、電力確保のためにソーラー発電システムの組み立てを支援したりしている。

そしてなにより、【ふく】というかけがえのない一つの〝いのち〟が、他のたくさんの牛の〝いのち〟を救ったことを、私たちは決して忘れない。

農水省に〝化かされた〟

これまで《希望の牧場》が訴え続けてきたのは、被ばく牛の餓死でもなく、殺処分でもない「第三の生きる道」だ。それも農家の自己負担ではなく、国が旗振り役となって動くことを求めてきた。

国は「自己責任でどうぞ」と言ってあとは知らん顔をするが、なにも落ち度のない被災農家が、なぜ負担を強いられるのか。原発事故は、農家のあずかり知らぬところで起きたのだから、被ばく牛の維持費用は、東電や国が責任を負うべきだろう。それを被災農家に転嫁するのは、どう考えてもおかしい。だからこそ、国が率先して計画を立て、きっちりと予算をつけて実践してほしいと、私たちは声を上げてきた。

ようやく光が見えたのは、二〇一二年四月五日だった。警戒区域の見直しに伴い、「新たな避難指示区域設定後の家畜の取扱いについて」と題した文章を農水省が発表し、二十キロ圏内の家畜飼育を容認したのだ。

以下、本文を一部抜粋。

本日、原子力災害対策本部長から福島県知事に対して、原子力災害対策特別措置法第

二十条第三項の規定に基づき、新たに避難指示区域が設定された後の家畜の取扱いについて、原則安楽死としつつ、出荷制限等の一定の条件の下、「通い」が可能となった農場等での飼養管理も認めることを指示しました。

これまでは「家畜の衛生管理のための資材搬入」という、ゆがんだ形でしか警戒区域への立ち入りを認めてこなかった国が、ここにきてついに方針を変えたのだ。たしかに、私たちが求めてきた内容までにはほど遠い。それでも、今後に向けて大きな、とても大きな一歩となるに違いない。

——そう思った矢先だった。

あるテレビ局の記者が《希望の牧場》の牛について飼養継続の是非を問うたところ、農水省は「認めていない」と回答したのだ。

国の言い分は、次の通りだ。

《希望の牧場》の敷地は、南相馬市小高区川房と、浪江町立野にまたがっている。警戒区域、及び避難指示区域の見直しにより、南相馬市側の敷地については四月十六日午前〇時以降、「警戒区域」が解除されるとともに、新たに「居住制限区域」に指定され、一時的な立ち入りは自由にできるようになった（ただし、宿泊は禁止）。しかし、浪江町側の敷地については、これまで通り「警戒区域」が継続されるため、解除されるまでは家畜の飼養管理を認めない。つまり、《希望の牧場》は、依然として違法な存在だと位置づけたわけだ。だとしたら、国の態度が軟化したと思った私たちは、完全に〝化かされた〟ことになる。

この指示書の公示から二カ月後、農水省から「話し合いの場を持ちたい」という声がかかったため、吉沢、村田、私の三人で、福島市の酪農会館へ向かった。

農水省の職員はまず、殺処分に同意していない被災農家を今後ますます追い込む飼養条件が記された書面を、ひどく一方的な「自己責任でどうぞ」という言葉とともに私たちへ提示した。そこには、たとえば「暫定許容値以下の清浄な飼料を与えること」「草木など可食物の放射性物質を測定し、除去・除染などの措置を行うこと」「個体識別のため、すべての牛に耳標（耳タグ）を装着すること」など、個人の農家には実現不可能な条件がずらりと並んでいた。

福島第一原発は、いまだに放射性物質を放出している。つまり、牛舎もエサも飼養者も被ばくし続けているのだ。にもかかわらず「清浄な飼料」「除去・除染」とはどういうことなのか。これは不可能なことを列挙して、私たちにあきらめろと言っているに等しい。国がいかに現実を見ていないかが、これだけでもわかるだろう。

しかも彼らは、二時間ほど事務的な説明をしたあと、この期に及んで「どうですか、殺処分に同意しませんか?」と持ちかけてきた。やはり国の方針は、いまだに変わっていない。これまで通り、私たちがあきらめるのを、ただ待っているだけだ。もう少し前向きな話し合いができるだろうと思っていた私のほうが甘かった。原発事故から一年三カ月が経過しても、この程度なのだから、もはやなにを言っても無駄だろう……。

一方、彼らの問いに対して、村田は「会社がつぶれても殺処分には同意しない。こっちは命がけだから!」と言った。続けて「農家は牛を守れなければ自殺するしかない!」と口にしたその表情には、鬼気迫るものが宿っていた。

しかし、農水省の職員はヘラヘラと笑っていた。なにがおかしいのか、まったく意味がわからない。残念ながら、村田の〝決死の覚悟〟は、彼らには届かなかった。ただ、被災農家の心情を、まるでわかろうとしていないことだけは、よくわかった。

かつて私が相談した元農水省職員は、被ばく牛のことを「動くがれきだ」と言った。一刻も早く、警戒区域内の家畜を全頭殺処分したい。それが彼らの偽らざる本音なのだ。

拳にぐっと力が入る。

もう国に期待などしない。

震災後、牧場に初めての秋が来た。牧場内の緑は消え去り、吹き抜ける風も冷たさを増す。しかし、日差しだけはただまぶしく、枯れた牧場を照らしていた。

希望の牧場

楢葉の牛の〝いのち〟を委ねられる

二〇一二年六月、被ばく牛の保護・飼育を目的とし、農家と動物愛護団体、個人ボランティアが共同で運営する楢葉町の「ファーム・アルカディア」から、約六十頭の牛を受け入れてほしいという内容の依頼を受けた。

この団体、じつはすでに破綻している（現在は旧運営メンバーを刷新した上で、新たな組織「やまゆりファーム」として再出発している）。組織として立ち行かなくなったのは畜主の根本信夫さんを支援する立場の動物愛護団体と個人ボランティアとの間で、人間関係や金銭関係など、運営をめぐるトラブルが絶えなかったからだ。そこに追い打ちをかけるように、彼らの「ボス」、畜主の根本さんが倒れたことが、決定打となった。

根本さんは、七十五歳という高齢にもかかわらず、いわき市の借り上げ住宅から楢葉町の牛舎まで、毎日二時間かけて通っていた。さらに、牛のエサは那須まで自分で取りに行っていたそうだ。そして五月末、それまでの無理がたたり、ついに誰もいない牧場で倒れた。たまたま農家仲間がやってきてすぐに救急車を呼んだため、一命を取り留めた。

ドクターストップがかかったこともあり、根本さんの家族は本人に「自分の《いのち》と牛の《いのち》、どちらが大切なの？」と問いかけた。根本さん自身も「これ以上、みなさんに迷惑をかけるわけにはいかない」と、全頭殺処分を決意する。それでも「ファーム・アルカディア」のスタッフはあきらめ切れず、「なんとか牛を生かしたい」と《希望の牧場》に全頭受け入れを打診してきた、というのが今回の経緯だ。

タイムリミットは六月二十日。その日に、根本さんは楢葉町へ殺処分を申し入れると決めていたからだ。約六十頭の〝いのち〟の期限は、すでに目前に迫っていた。私たちは二日間にわたって、じっくり話し合った。

彼らが言うには、敷地さえ間借りできれば、牛の面倒は自分たちで見るという。しかし話はそれほど単純ではない。五、六頭ならどうにでもなる。ところが、六十頭を超えるとなると、話はまったく違う。安易に承諾することはできない。ならばどうすべきか。吉沢と私たちは丸二日間、深夜まで議論に費やした。

吉沢は言う。

「敷地の広さや牧草量から考えて、《希望の牧場》のキャパシティーは、せいぜい一五〇頭くらいだろう。するとエム牧場の牛だけで、すでに一五〇頭以上もオーバーしている計算になる。合理的に考えれば、受け入れ拒否が妥当だ。それ以外に選択肢はない」

震災前までは舎飼いと放牧地を合わせて三百頭以上を飼育していたのだが、現在は人手のかかる牛舎はほとんど使っていないため、キャパは半分以下にまで減っているのだ。

「だからといって、約六十頭もの〝いのち〟を黙って見捨てられるだろうか。それで本当に後悔しないだろうか。ファーム・アルカディアの牛が国によって殺処分になれば、警戒区域で牛を生かし続けている十数軒の農家に深刻な影響が出るだろう。逆に、その〝いのち〟を守ることができれば、ほかの農家もさらに頑張れるはずだ。〝いのち〟が減って喜ぶのは国だけだろう」

こうして結論が見えないまま、時間だけが過ぎていった。

「ファーム・アルカディア」の公式ブログやフェイスブックには「このままでは全頭、殺処分することになる。どうか応援のメッセージを」という記事に対して、一〇〇〇件を超えるコメントがついた。そのすべてを、私たちは一件ずつ丹念に目で追った。

そしてついに、吉沢が決断を下した。

「ここで助け舟を出すのは、おれたちがやってきたことの延長上にある。五頭、六頭だけと言わず、すべてを引き取って一緒に頑張ろう。キャパの問題は、震災以降使っていない牛舎に入れて個別管理すればクリアできそうだ。人手の問題は、今後充実させていけばいいんじゃないか。巨大な圧力がかかったなかでも、おれたちの力で切り開くべき道、選択すべき道がある。それが復興への希望につながる、ただ一つの道となるはずだ」

厳しい選択を迫られた数日間だったが、そうと決まれば腹を据えるしかない。

ところが、移送計画の決行前日、またしても国の妨害に遭った。

地元の自治体には、今回の事の経緯を話して許可を取りつけたが、この日の夜、県の担当者から「オフサイトセンター（原子力災害現地対策本部）に派遣されている農水省の職員が、明日の移動は認めないと言っている」という電話が入ったのだ。理由は、家畜車の通行許可証の申請目的に「牛の移動」が含まれていないからだという。

《希望の牧場》は、囲い込み柵の設置や放れ牛の回収など、行政側の要望には真摯に対応してきたつもりだ。しかしなぜ、放れ牛の回収に伴う移送は許可され、殺処分を逃れた牛の回収・移動に許可が下りないのか。

農水省の「待った」は、警戒区域内の牛が一向に減らないことへの焦り、いら立ち、メンツを守るための悪あがきにほかならない。こうした妨害に遭えば、たいていの農家の心は折れ、殺処分に同意せざるを得ない状況に追い込まれるだろう。しかし、私たちは屈しない。負けるわけにはいかないのだ。

翌日、朝八時に家畜車に乗って《希望の牧場》を出発。途中、検問で十分ほど足止めを食ったものの、無事に「ファーム・アルカディア」のスタッフと合流して一頭ずつ牛を積み込み、いよいよ《希望の牧場》へ移送を開始した。

一度の移送に運べる頭数は、もともと現場にあった家畜車一台と合わせて、合計二台でもせいぜい十四頭か十五頭だ。しかも往復には約三時間かかる。

結局、すべての作業が終わった頃、時計の針は二十一時三十五分を指していた。根本さんが所有する牛のほか、数軒の農家の牛も含まれていたため、移送したのは全部で六十七頭になった。楢葉町と浪江町を五回往復、じつに十三時間半にも及んだ。

ただ、この大移送には《希望の牧場》のメンバーだけでなく、楢葉町の農家のみなさんなど、たくさんの人々の協力が得られたからこそ、実現できたことを忘れるわけにはいかない。とくに、《希望の牧場》の立ち上げに尽力してくれた高邑勉元議員が、オフサイトセンターに対して警戒区域内の家畜移動の合法性を確認してくれていたことが大きかった。最初の検問で妨害に遭ったものの、その後は問題なく移送作業に集中できたのは、高邑の応援が物を言ったからだ。

さらに、県の家畜保健衛生所の職員の方々は、一日中作業に立ち会ってくれた。一頭ずつ耳標の有無を確認し、ついていない牛には新たに装着してくれた。検問を通過する際にも、お力添えをいただいた。

こうしてたくさんの善意に支えられて、六十七頭の〝いのち〟は無事、明日につながれた。みなさんには、この場を借りて、あらためて感謝の意を示したい。

2012年6月、震災から1年3カ月の間、片道2時間以上かけて楢葉町にある牧場に通い、世話を続けていた高齢の畜主が持病の悪化から飼育を断念した。いったんは殺処分に同意する意向を示したが、吉沢との直接の話し会いの結果、近隣の農家の牛も含めた計67頭が《希望の牧場》へ移送された。

そして希望へ

原発一揆。

街頭演説で、吉沢がたびたび使う言葉だ。

「あの事故を機に、福島に住む人々が原発に対して〝NO〟を突きつけ、自治体の議会も様変わりした。これはすごいことだよ。福島はずっと原発に依存、共存、あるいは寄生してきただけに、なおさらだ。こうして暴力などという野蛮な手法に頼らず、言論によって市民が反旗を翻し、民衆の力が政治を変えていく姿を、おれは現代の一揆、『原発一揆』と表現したんだよね」

国は変わろうとしない。百歩譲って諦観まじりで言えば、ある意味でそれは当然のことなのかもしれない。まがりなりにも、日本は議会制民主主義国家だ。一夜にして国の姿が変わってしまうなら、それはファシズムであり、別の脅威が生まれるだろう。しかし、だからこそ私たちは、一人ひとりの小さな力を集め、辛抱強く民意を育てながら国を変えていくしかない。

「牛を殺して埋めてしまえば、国は、農水省の役員は、自分たちの仕事が終わると思っているけど、それは証拠隠滅でしかない。だからおれは戦う。その姿を世間に見てもらいたいし、一人でも多くの人にわかってほしい。それがいずれ国を動かす大きな力になるはずだ。それまでおれは牛飼いの、べコ屋の一揆を続けるよ」

振り返れば、《希望の牧場》を立ち上げてからは絶望ばかり味わってきた。光が見えたと思った途端、ことごとく覆され、いつも〝お釣り〟が来るほど打ちのめされてきた。立ち上げ当初の目的として掲げていた「学術調査・研究」も、いまだに実現できていないばかりか、〝生かすこと〟に対して、メンバーの誰もが必死になってもがき、苦しんでいる。それがいまの《希望の牧場》の現実だ。

ただ、この絶望的な状況のなかで数少ない希望の光があるとしたら、その一つは吉沢自身の心が折れていないことだ。

「簡単なことじゃないというのは、最初からわかっていたことだよ。それこそ絶望が当たり前。でも、深い絶望の先にこそ本当の希望があると、おれは信じている」

そんな吉沢の話を聞きながら、「この強さこそ、希望そのものだ」と、私は思う。

もう一つ、暗闇のなかで灯り続けた希望がある。

それは私たちの活動を励まし、支えてくれた多くの声だ。個人のサポーターやボランティアのみなさんの尽力は言うに及ばず、ネットを介して寄せられる応援も、活動を存続させる大きな力になった。実際、吉沢は《希望の牧場》の公式ブログやツイッターに寄せられたコメントを、いまでも一つ残らず丁寧に読んでいる。

「頑張ってください」「負けないで」「応援しています」「お体を大切に」

こうした一つひとつの温かい言葉が、どれほど吉沢の心を勇気づけ、奮い立たせてきたことだろう。経済価値のない牛を生かす意味を求めて悩み、苦しんできたのは、誰よりも吉沢自身だった。依然としてその答えは出ていない。それでも、この一年半、たくさんの人々の力を借りながら頑張り抜き、多くの〝いのち〟を守ることができた。

「警戒区域という絶望のなかで牛たちを生かす営みは、必ず復興への希望になる。だからこそ、これからもこの道を歩み続けるしかないんだ」

東電本店に乗り込む前日、タイヤショベルのバケットに黄色のスプレーで書き殴ったあのときの覚悟は、吉沢の心のなかで、いまだ微塵も揺らいでいない。

決死救命、団結！

そして希望へ――。

その〝時〟は必ず来ると、私たちは信じている。

「90」という耳標をつけた牛の名前は、そのまんま【90番】。牛も人間同様、おとなしいものもいれば、気の荒いものもいるが、写真からもわかるように【90番】は、吉沢を見ると優しくすり寄ってくる。

2012年元日、年末に生まれたばかりの
子牛の状態を見る吉沢。

おわりに　～〝いのち〟の意味～

次の見開き（P156～157）の写真は、生後二カ月の乳飲み子だ。若い母牛の乳の出が悪く、栄養失調の状態が続いたある日の朝、ぐったりして横になっている子牛にミルクやスポーツ飲料を与えようとしたが、飲もうとしない。こうなったら、あとは死を待つだけだ。これまで何度も、生と死の境を見てきた。私はその場を離れ、別の作業に打ち込んでいるうちに、この子のことを忘れかけていた。

昼過ぎになって携帯電話が鳴った。

「カラスがやって来て子牛の顔を突いています。すぐに助けてあげて！」

ライブカメラで子牛の様子を見ていた、サポーターの女性からだった。

子牛の右目はカラスに食べられ、ぽっかりと開いたうつろな穴から血が流れていた。口から泡を吹き、足をばたつかせ、もがき苦しんでいる。悲惨な現場には何度も遭遇してきたつもりだった。そのたびに客観的な視点で〝撮る〟ことを優先してきた。しかし、このときばかりは……気がつくと子牛の首を絞めていた。楽にしてあげたかった。

「ギュェー……」と、か細い声で鳴く。

我に返って両手を放した。

三時間後、子牛は苦しみながら死んだ。

最期まで必死に生きた〝いのち〟が無意味だったとは思えない。在るために在った〝いのち〟だと思う。では、大量の放射性物質を浴びた牛たちの生きる意味とはなにか。

「家畜でもなければペットでもない。それじゃ、動物園の動物なのか？　違うよね。でも、おれにもわからないんだよ。被ばくした牛の生きる意味が——そのことは、みんなにも正直に問わなければならない」

それでも、と吉沢は続ける。

「おれは牛たちと運命をともにするよ」

この人は強い。

心の底からそう思った。

針谷　勉

福島第一原発爆発事故と《希望の牧場・ふくしま》　※ 2012 年 9 月現在

2011 年

3/11	**14:46、東日本大震災発生。東京電力福島第一原子力発電所にて事故発災。**
3/12	**15:36、福島第一原発 1 号機で水素爆発。浪江町避難開始。** 吉沢は牧場にとどまる。
3/14	**11:01、3 号機で水素爆発。東電管轄内において計画停電が始まる。**
3/15	**06:00 頃、2 号機と 4 号機で爆発。** 吉沢と同居の姉・甥は千葉へ避難。
3/17 ～ 3/22	17 日夜、吉沢は単身上京。翌日から東京電力本店、原子力安全保安院、首相官邸などへ抗議に赴く。
3/18	村田が浪江農場の舎飼いの牛 230 頭を外へ放ち、餓死から守る。
3/23	吉沢が牧場に戻り、村田とエサ運びを再開。
4/22	**00:00、福島第一原発から半径 20 キロ圏内が警戒区域に設定される。**
5/12	**国から地元自治体に対し、警戒区域内の家畜の殺処分を指示。**
7/8	母牛が餓死して孤児となった【いちご】を保護。
7/16	浪江農場内にソーラー発電機を設置。
7/27	《希望の牧場・ふくしま》プロジェクトを設立。同日、公式ブログを立ち上げる。
8/11	《希望の牧場・ふくしま》モデルプロジェクト緊急報告会・記者会見を衆議院第2議員会館にて開催。
8/19	ライブカメラ1号機を設置。同時に USTREAM によるライブ配信を開始（2012 年 9 月現在は 1 ～ 3 号機が稼働）。また、牧場内の空間放射線量の 24 時間測定システムを設置。同時に、測定結果を公式ブログでリアルタイム配信。
11/28	牧場内の電力が復旧。
12/20	電気牧柵を牧場の周囲約 5 キロに設置。放れ牛の回収を始める。

2012 年

2/14	双葉町で交通事故に遭った子牛【ふく】を保護。
3/16	【ふく】死亡。
4/5	**国が「新たな避難指示区域設定後の家畜の取扱いについて」と題する方針を発表。**
4/21 ～ 5/14	「警戒区域の家畜のいのちをつなぐ強化週間」として、東京・原宿では初の写真展「警戒区域からの SOS ～小さなふくちゃんが教えてくれたこと～」を開催。
4/23	非営利一般社団法人《希望の牧場・ふくしま》を設立。
6/5	農水省と県の担当者、《希望の牧場・ふくしま》で会談。農水省よりあらためて殺処分に同意するよう求められる。
6/27	楢葉町・根本牧場（旧ファーム・アルカディア）から 67 頭の牛を移送。

※太字は震災・原発事故、およびそれに関連する国や自治体の動きです。
※その他の文字は《希望の牧場・ふくしま》に関連する動きです。

著者 Profile

針谷勉（はりがや・つとむ）

1974年生まれ、栃木県出身。映像ジャーナリスト。APF通信社所属。ニュース番組のテレビディレクターとして、おもに国内の事件、事故、社会問題などを取材。オウム真理教や、ビルマで2007年に銃殺された長井健司記者（APF通信社所属）の追悼取材がライフワーク。東日本大震災では、延べ200日以上警戒区域に入り、本書の主人公・吉沢正巳の助手として牛の世話をしながら取材活動を続けている。2012年4月23日から非営利一般社団法人《希望の牧場・ふくしま》の事務局長を務めている。

カメラマン Profile

木野村匡謙（きのむら・まさかね）

1972年、東京生まれ。報道写真家。APF通信社所属。事件、事故、災害、社会問題などの調査報道に取り組む。国際交流基金随行でのロシア、日韓文化交流事業での韓国等、海外での取材・撮影も精力的に行う。座右の銘は「真実はひとつしかない」

Photo

撮影・写真説明文／針谷勉……P13, P29, P41, P45, P73下, P85, P86, P87上下, P113, P122-123, P127, P156-157

撮影・写真説明文／木野村匡謙……表紙・裏表紙, P6-7, P14上下, P15上下, P16-17, P21, P22-23, P28, P35, P46-47, P48, P49, P55上下, P56上下, P57上下, P61, P62上下, P63上下, P64, P65, P69, P70-71, P72上下, P73上, P77, P78-79, P80-81, P90, P91, P92-93, P94-95, P98-99, P107, P119上下, P140-141, P147, P151, P152-153

ブックデザイン◉坂本龍司（サイゾー）

本文デザイン◉白土朝子

構成◉山川英次郎

原発一揆

警戒区域で闘い続ける“ベコ屋”の記録

2012年11月4日　初版第一刷発行

著者　　　　針谷 勉
カメラマン　木野村匡謙
発行者　　　揖斐 憲
発行所　　　株式会社サイゾー
　　　　　　〒150-0043　東京都渋谷区道玄坂1丁目22-7
　　　　　　電話 03-5784-0791（代表）

印刷・製本　凸版印刷株式会社
 ISBN 978-4-904209-22-6